编程女孩

[美] 拉什玛·萨贾尼 ____著 刘钰卓 ____译

girls who code

RESHMA SAUJANI

LEARN TO CODE
AND CHANGE THE WORLD

電子工業出版社
Publishing House of Electronics Industry
北京·BEIJING

插画家：

安德·鹤见（ANDREA TSURUMI）

合著者：

萨拉·赫特（SARAH HUTT）

技术指导：

杰夫·斯特恩（JEFF STERN）

译者：

刘钰卓（AGGIE LIU）

本书谨献给所有会编程
或是有志于此的女孩们

目录

我们的编程女孩

露西

生日： 5 月 20 日

爱好： 科学、音乐、电子游戏、表情符号、尝试新鲜事物

索菲娅

生日： 11 月 13 日

爱好： 运动、穿运动裤、照顾宝宝、美甲、自拍

玛雅

生日： 6 月 3 日

爱好： 写作、绘画、时尚、质感厚重的珠宝、给人出主意

艾琳

生日： 2 月 26 日

爱好： 烘焙、戏剧、阅读、冲浪、装傻充愣

莱拉

生日： 8 月 22 日

爱好： 机器人技术、园艺、曲棍球、手工、和姐姐一起玩

Hello，World

我是拉什玛，编程女孩组织的创始人。

我们的组织针对的是教育程度在中学及以上的女孩们，帮助她们学习编写用于计算机及数字设备的程序代码。女孩们将从学习编程中获得启发，因为这个过程能带来许许多多令人惊叹的想法、技能与机会。

相信我，编程的好处难以估量。

不过，我要先向你透露一个秘密：就在几年前，我还对学习编程怕得要死呢。

我是一名律师兼政治家，曾担任纽约市的副公共议政员，在2010年，我成为首位竞选国会议员的亚美混血女性。我一直都喜欢结识新朋友，并喜欢他们为我的社区出谋划策，所以政治工作吸引了我。从孩提时代起，我便渴望能为人们的生活带来积极的改变。只不过，我从没想到过这种改变是通过电脑或者编程来实现的。

我为选票四处奔走，花了大量的时间访问纽约市的学校，在这期间，一些事情引起了我的注意。

在每间计算机教室里，我都能看到一群男孩正在学习编程，正在接受相关的训练以成长为科技创新型人才，但是几乎没有女孩的身影！

她们去了哪里？

我感觉不太对劲。我知道女孩在大学毕业生中占了很大的比重，在职场中几乎也占据了一半的比例。但是在简称为 CS 的计算机科学领域中，在这门研究计算机及其多种用途的学科里，几乎没有女孩的身影，起码在纽约市的学校里是这样的。这就是个问题了。

到 2020 年为止，国内计算机方面的职位需求量将达到 1,400,000 个，这些职位是国内薪水最丰厚、事业发展上升速度最快的工作之一。但是据估计，女孩仅仅占到其中 4% 的比例。

仅仅 4%？如果画一个饼图，这个比例都算不上是一个条目！

我不能接受这个事实。女孩们在创造未来的职业中未能占有一席之地，这是因为她们没有学习编程。

怎么会是这番景象？计算机教室里为什么没有坐进更多的女孩？

问　题

这让我开始思考，为什么自己从来都没学过编程。

并不是因为我没有机会学习数学与计算机，毕竟我的父亲就是一位工程师。在我成长的过程中，他很爱在晚饭时间给我讲些科学道理，还会出其不意地直接考我几道数学题。但是心算对我来说太难了，很多时候我知道该怎么算，但就是不能马上得出结果。那些被问住、只能眼巴巴看着桌子对面父亲的脸的时候，让我觉得好像自己不够聪明。晚餐在我心中成了一件让人焦虑不安的事，我开始相信自己并不擅长数学。

然后我开始害怕数学。

所以我选择逃避数学，还有一切我认为需要具备数学能力的学科，包括编程、统计学和工程学，转而专注于历史学和文学，在这些领域我感觉更自在，并且知道它们对我而言更容易上手。

我当时并没有意识到这种倾向，不过这并不是我一个人的选择。成千上万处于各年龄段的女性告诉我的话都一样：她们就是“不擅长”数学或者科学。她们告诉我她们害怕那些看起来太有技术性的学科，比如编程。或者就算她们不害怕，她们也会认为计算机科学“不适合”她们——编程领域看起来社交性不足，更适合喜欢整天坐在电脑前的男孩们。

好吧，我再告诉你一个秘密：

这就是一连串彻头彻尾的谎言！

这种迹象从幼年时起就初现端倪了，我们从刻板印象、社交暗示乃至教育工作者那里得到这样的信息：科学（Science）、技术（Technology）、工程（Engineering）及数学（Math），或者被合称为STEM[1]的学科，“不适合你”。

一旦你开始寻找这些信号，你就会发现它们无处不在。我随便走进一家受少女们追捧的零售品牌店，就能找到上面写着“**代数过敏**”的T恤衫。我还看到在许多电视节目里，程序员都被刻画成一幅穿着帽衫、抱着电脑缩在自家地下室里的形象。

女孩们是聪慧敏锐的，这些负面的刻板印象，再加上榜样的缺乏，给她们带来的影响清楚地摆在面前：在上初中之前，大多数女孩就会认为

STEM 行业不适合她们；在上高中之前，女孩们已经把与工程、编程和数学相关的工作列为她们最不感兴趣的职业。

女孩们正在被 STEM 学科慢慢排除在外，她们还来不及弄清楚自己到底喜不喜欢这些学科事情就已经发生了，更重要的是，她们还没来得及发现这些学科对她们有多么令人惊叹的吸引力。

下一步

在 2010 年的时候，我输掉了国会竞选，那段时间非常艰难。我生来似乎注定会有非同一般的成就，之前也从来没有失败过，这次我花了好一阵来思考下一步应该怎么走。但这件事也让我意识到一个对我的生活影响至深的事实：决定参加国会竞选是件颇费勇气的事。我不得不勇往直前，就算遭致失败，至少我做了诸般努力。我走出了自己的舒适区，尝试着此前从未接触过的、与过往经历大相径庭乃至令人提心吊胆的事。我开始琢磨，如果许多年前在晚餐桌上或者在学校里也是这么干的，我可能早就发现自己是爱编程、数学或者科学的。

我心知又到了应该鼓起勇气的时刻，我要利用自己的学识和经验，以身作则地为下一代年轻女性们改写游戏规则。

我决定教授女孩们如何编程。最初是实验性质的，我在纽约市找到一间教室，在那里为二十名女孩授课，这是我说服一个朋友把他公司的一间会议室借给我，挨家挨户地招纳到的最初的一批学生。

现在，加入编程女孩组织已经成了一股风潮。我们运营着一百个暑期项目，有数以千计的课后俱乐部可供初高中女孩参加。我们的影响力遍及全国各州，我们接触着成千上万的女孩。

你猜怎么着?

结果证明，女孩真的很擅长编程!

她们可以创造出令人难以想象的成果!

而且还乐在其中!

在这本书里，你将读到我最心仪的一些创作成品：从帮助少女建立起外表自信的小游戏，到能够感应音乐节奏并且配合打光的照明系统，它们的作者都是真实存在的女孩。一旦开始学习编程，你就如同给自己配备了一件工具，获得了一种技术上的超能力，这种超能力能给你生活的社区带来改变。你用你的声音、头脑与技能解决问题，也是在为国家建设出力。你将为世界带来美好的变化，惠及我们当中的每个人、每个群体。

更不用说你还能结识超级棒的新朋友，拥有一段令人难忘的经历。

你还在等什么呢？这本书会教你如何成长为一名编程女孩，实现令人耳目一新的创造成果。你会学到我们在编程女孩课堂中讲授的编程基本原理，也会初步了解一些编程项目，通过游戏、艺术、设计、机器人、网站、移动应用及网络安全知识体会到学习编程的乐趣。我们也会带你认识一些女孩与成熟女性，她们正是使用代码创造出了新颖而鼓舞人心的事物。我敢说，你心中正涌动着热切的渴望，想要开始创造之旅，想要加入我们在全国乃至全世界的女孩中发起的活动。

准备好满满的勇气了吗？我们开始吧！

注释：

[1] STEM 是 Science（科学）、Technology（技术）、Engineering（工程）、Math（数学）四个英文单词首字母的缩写，意思是理工科。

print "Hello,World!"
print (Hello,World!\n)
CODING
CODING!
CODING!!!!!!
01
run:

为何要编程

嗨！热烈欢迎！

说的就是你！正在读这本书的人。真高兴能和你相遇。

你是怎样开始接触编程的呢？

也许你已经对计算机科学有所涉猎，希望学习如何提高。

如果是这样，那就太好啦！

也许你从父母、祖父母或老师的口中听说编程是一项对你的未来极具价值的技能，他们说服你报了一个班，不过你还不太确定它适不适合你。

这也可以。

或者你对编程一无所知，只是喜欢我们的图书封面。

我们也能接受。

无论你属于哪种情况，我们很高兴你拿起了这本书，来到了这里。别忘了，你还有很多同伴呢！

关于编程，首先需要了解的是，它并不只是和电脑打交道。

它会带给你乐趣。

它会带给你和朋友合作的机会。

每个人都可以编程，它不是只有男孩才能做的工作。

不管你对什么感兴趣，你都能利用编程进行创造、想象与发明。

比如把一辆玩具汽车变成机器人，或者给你的遛狗小生意建个网站（Website）*。也许你想设计（Design）的是一个到了该做作业或者该练钢琴的时候能提醒你的智能手环，或者是一个能够追踪记录你训练时冲刺时长的应用程序（Application）。给下一场校园表演设计声光交互展示怎么样？或者设计一款能够根据你的衣着变换出相匹配色彩的 LED 头带？

* 看到这样的单词，就可以在书末词汇表中找到它的意思。

通过学习编程，这些你全都可以做到，而且远不止于此。

我想告诉你的是：

上天入地，计算机编程（Computer Coding）最主要的就是……最主要的就是解决问题！

实际上，编写代码只占到整个过程的一小部分，全程需要用到的是你已然形成的，并且天天都在使用的思考问题、进行计划的能力！

那就让我们开始吧。

首先，谁能告诉我编程是什么？

哦哦哦，我知道。
就是给计算机下指令嘛。

答对了。

编程，简单来说就是用一种计算机能够理解的编程语言编写指令操纵计算机进行工作。

用于给计算机下指令的编程语言（Programming Language）有好几百种，你要选用哪一种取决于你想用计算机做的事。当你学习编程的时

是啊。但是我们点点鼠标
控制不同的菜单和应用，
不就已经在指挥计算机了吗？
我为什么还要了解编程啊？

候，就是在学习“说”其中的一种语言，运用它，你就能直接和计算机进行交流啦。

因为编程作为一种工具具有不可思议的能力，它能让你通过想都想不到的方式来使用你的计算机。当然，你已经可以在计算机、平板或者手机上做事了，但那是因为某时某地有一个程序员对这个程序或应用灵光一现，然后写出代码（Code）来实现了它。这个程序员的代码创造出了你用于控制设备的图标、按键和快捷键，这就是控制设备运行的软件。不过，使用软件和编写代码是两码事。

通过学习编程，你就再也不用只能使用别人创造的软件和应用了——你可以自己动手创建程序！比如制作一款能提醒你好朋友生日日期的 App，或者为你的戏剧俱乐部创建一个网站。

软件（Software）VS 硬件（Hardware）

软件是让计算机运行起来的一套程序和应用，它是由程序员设计编写出的代码的集合体。给你的照片添上富有趣味的滤镜，在游戏中照看虚拟小狗或者打倒大反派，这些应用中的内容全都包含在软件里。你用来写英语论文的程序也包含在内。

硬件是指计算机本身的物理组成部分：屏幕、键盘、摄像头等，这些通常由工程师设计制作。你的手机与平板也是硬件中的一类。

学习编程还有一个超级棒的原因：它能帮你理解未来会采用的技术，并在设计和工作中用上。

几乎每一种事物都内置了计算机，包括汽车、游戏、医疗设备、衣服等，甚至还有智能牙刷！

如果现在某种事物还和计算机不相关，很有可能在几年之内就会发生大的改观。所有的数码设备都要靠程序员编写的代码来告诉它做些什么、该怎么做。

所以说编写代码的工作真的是意义重大了？

是的！没有程序员编写的代码，计算机就只是个大箱子。虽然当今的计算机工作能力令人惊叹，但从某种程度上来说，它们仍然是需要人类施加操作的机器。

计算机能做什么

想想你厨房里的微波炉，它可不会因为你有加热吃剩的芝士通心粉的想法就立马开始工作。你得把盘子放进微波炉里，关上门，定好时，然后按“开始”按钮，微波炉才会执行你的指令。最后，你再把热好了的芝士通心粉取出来。整个过程是因为你觉得自己很饿，然后按照想法操作微波炉才发生的。

从基本原理层面看，计算机的工作模式也是如此：你输入信息，命令计算机进行处理，然后得到输出的结果。

计算机的工作步骤如下图所示：

输入 → 处理 → 输出

给计算机输入信息的办法多种多样，最显而易见的方式就是使用能写下这些信息的工具——键盘。键盘可以用来输入字母和数字。输出的内容则是排好的文本，就像你正在读的这本书一样。不过，键盘并不是唯一能往计算机里输入信息的工具，数码笔、摄像头、麦克风、扫描仪和传感器等都能让你通过输入各种信息与计算机进行互动。

还要说的是，“信息”不只包括事实和数字，还包括音乐、视频、笔画及照片。你可以利用软件编辑你的电影、调整音轨、为图画上色、添加高光与阴影、为游戏制作动画、给自拍加上滤镜然后再上传到自己的相册里。你能做的这些事都要归功于某个人关于某种程序的灵光一现。

程序是计算机对你输入的信息进行的加工，它基本上就是你命令计算机所做的工作，或是你要求计算机对你输入（Input）的数据进行处理的进程（Process）。

输出（Output）就是所得到的结果，如一张画质更优的照片、一份文档、一个计算结果、一段编辑尤佳的电影、一段动画等，这些都是计算机在运行软件之后所得到的结果。

你日常用的每一种智能设备或计算机软件的背后，都有一个心怀灵感的程序员，他/她和其他程序员聚在一起商讨出想让计算机做什么的确切答案。在这个过程中，他们会考虑计算机的用户会如何操作，这样，他们就产生了一个软件的设计。他们编写完设计任务的代码，还要测试一下，看看程序是不是运行无误，然后就大功告成啦！

多亏了这些程序员，是他们让你能够使用各种各样超可爱的表情符号填满你在社交媒体发布的内容！

在学会编程之后，你也能做出同样的贡献。可能你心里已经冒出星星点点用途广泛、意义重大的程序创意了，其中的每一点都能改变世界。

你觉得怎么样？

哇！所以我可以写出程序让计算机听我的话？比如自己做个游戏或者应用？
7

是的，这就是编程的意义！编程使你拥有操控计算机的力量。

因为电子科技的发展日新月异，你上大学之后使用的技术可能和现在已经截然不同了。所以拥有编程超能力非常重要，它能够帮助你上手即将推出的新设备。

变化真的有这么快？

说这话的人中学时候还在用挂在墙上的有线电话联系朋友，而且他的歌单都录在磁带上。

你可能要在互联网上搜索一下才知道这些都叫什么了！

计算机今昔对比

为了说明技术发展得有多么迅速，我们先来看一看计算机的起源。你可能会对此感到惊讶，计算机科学（Computer Science）最重量级的思想家与创始人中竟有一些女同胞的身影，这可是你的历史课本上没怎么提到过的！

计算机最早的用途，你从它的名字便能猜到，就是进行计算——主要针对数字。具备计算及制表功能的设备已经存在有几千年了，早期的人类使用它们记录大数目、为航船导向，以及探究夜空。技术变革耗时长达许多世纪，才出现了现代计算机的雏形。

计算机历史第一部分：最早的计算机

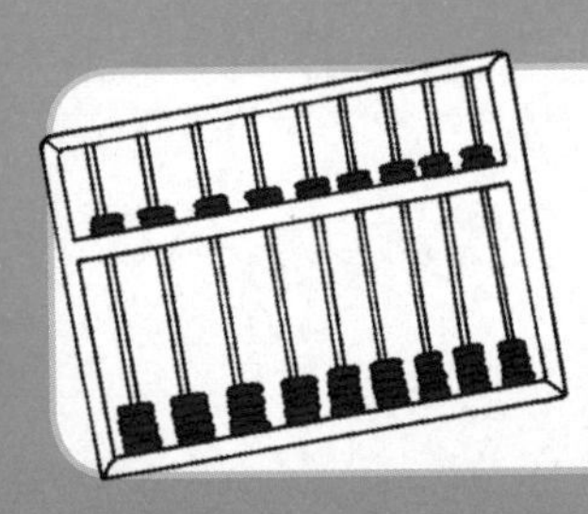

公元前3000年
算盘——由巴比伦人发明，这种串珠计算工具跨越了古代时期的世界版图，传入了中国。

1400年
结绳——这是古秘鲁人的数学记录系统，他们用给绳子打结的方式来表示数字。

公元元年

公元前35,000–20,000年
列朋波骨与伊尚戈骨筹——发现于非洲，这些带有缺口的狒狒骨骼是已发现的最早的计数工具。

公元79年
安提凯希拉装置——是古希腊用于计算月份与天文方位的工具。

1622年
计算尺——这一装置是由威廉·奥特雷德（William Oughtred）在苏格兰数学家约翰·纳皮尔（John Napier）的理论基础上发明的。约翰·纳皮尔发明了对数，这是一个加速数学计算的系统。直到几百年后发明了电子计算器计算尺才被弃用！

最早完全机械化的计算器可以输入数字、进行运算，然后再输出结果，它是由一位名叫查尔斯·巴贝奇（Charles Babbage）的英国数学家兼工程师在1822年创造出来的，名叫差分机。巴贝奇的差分机由金属齿轮与杠杆制成。在当时，绝大多数大数目的运算需求产生于航海、制造业与金融领域，当时人们只能依赖不易翻阅又容易发生错误的表格，可当你在计算海上集装箱的重量或大额转账时情况可就不太妙了。巴贝奇将快速精准的机械计算机设计出来正是来解决这类问题的。

尽管这个机器没有被完整地制造出来，但它的设计也是个重大突破。巴贝奇用它设计出一种更为先进的机器，叫作分析机。分析机的设计为现代计算机奠定了基础，也让世人意识到人们需要有一种计算迅速、精确，又不会像人类一样犯错的设备。

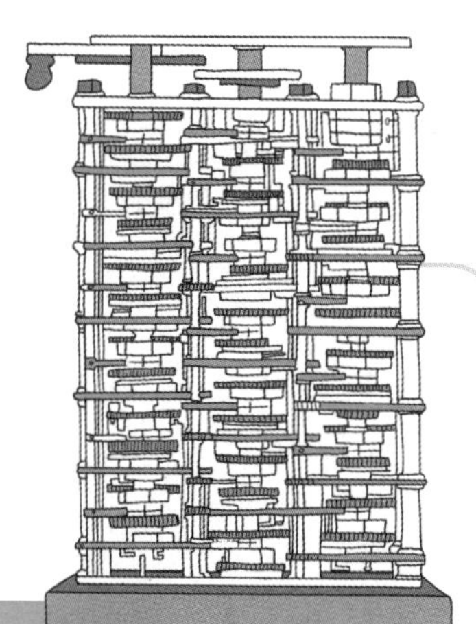

1623年
计算钟——由德国思想家威廉·希卡德（Wilhelm Schickard）所建，这是世界首个机械计算器。它可以计算六位数的加减法，曾被用来计算天文表。

1801年
穿孔卡控制系统——由约瑟夫－玛丽·雅卡尔（Joseph-Marie Jacquard）发明，这个系统能够使各式各样的机器自动运转起来，如音乐盒、玩具钢琴、计数器和织布机。

1822年
差分机——由查尔斯·巴贝奇（Charles Babbage）设计并部分制造出来，它是现代计算机的前身。

1674年
步进计算器——由德国哲学家戈特弗里德·莱布尼茨（Gottfried Wilhelm Leibniz）发明，这个设备可以计算加减法与除法。

1820年
四则运算器——由查尔斯·泽维尔·托马斯（Charles Xavier Thomas）发明，这是首个大规模生产的计算器。

世界上第一位计算机程序员

埃达·洛夫莱斯（Ada Lovelace）

奥古斯塔·埃达·拜伦·洛夫莱斯（Augusta "Ada" Byron Lovelace）是英国著名浪漫主义诗人拜伦爵士的女儿，但这可不是她时至今日依然声名不减的原因。她是世界上公认的首位程序员，不但聪慧过人，还打破了当时女性头顶上的玻璃天花板。在 12 岁时，埃达就设计出一种蒸汽飞行器的详细蓝图。在 17 岁时，她结识了巴贝奇，此后，巴贝奇一直是她的良师益友。1843 年，在她 27 岁时，巴贝奇请求她出版分析机的一系列设计笔记，在其中一份描述机器用法的笔记中，埃达加入了步骤清晰的操作指南。尽管当时还无人意识到这一点，但这是世界上第一个计算机程序。今天，一种用于控制空间卫星的编程语言就是以她的名字 Ada 命名的，表达了世人对她的敬仰之情。

电子计算机

整整 124 年过去了，灵感激励着发明，实验又交织失误，技术的不断突破，终于让一个团队创造出了巴贝奇多年以前梦想过的电子计算机。电子数字积分式计算机，又称 ENIAC，是首个不依赖任何可动机械零件就能够完整实现其功能的电子计算机。（哎，这句子一口气读下来可真长！）它由宾夕法尼亚大学的约翰·皮斯普·埃克特（J. Presper Eckert）和约翰·莫奇利（John Mauchly）在“二战”期间为军队所造。关于它有一个有趣的事实：历史学家怀疑在ENIAC投入使用的十年间，它所完成的运算比此前人类历史上加起来的全部还要多。是啊，真是好大一堆数学运算。

女性，真正的计算家

ENIAC的发明为计算领域带来了大的突破，但是绝大多数人都不知道的是，它实际上是由六名女性组成的团队编程完成的。这些技艺高超的女性当时只能手动输入全部的数据（Data），她们得通过加载穿孔卡、设置开关和连接线缆来操作编程。这项技术是一个未知的领域，这些令人赞叹的女性在一路前行的过程中发明了这项技术。正如历史上许多伟大的女性一样，当时她们从未因进行领先于时代的工作而得到嘉奖。

那我们就来赞扬一下她们吧！我们要感谢：

弗朗西斯·斯宾塞（*Frances Bilas Spence*）（*1922–2013*）

珍·巴蒂克（*Jean Jennings Bartik*）（*1924–2011*）

马琳·韦斯科夫·梅尔策（*Marlyn Wescoff Meltzer*）（*1922–2008*）

凯瑟琳·安东内利（*Kathleen "Kay" McNulty*

哇哦！如果要这么多女性齐心协力才能为一部计算机编程，那一定只有她们才懂得怎么使用计算机吧。

Mauchly Antonelli)(*1921－2006*)

贝蒂·霍尔伯顿(*Frances Elizabeth "Betty" Holberton*)(*1917－2001*)

露丝·泰特尔鲍姆(*Ruth Lichterman Teitelbaum*)(*1924–1986*)

说到点子上了。事实上，早期的计算机只有经过严格训练的程序员才能够使用，这也暴露出一个问题：要想计算机真正派上用场，就得让它们的体积缩到足够小，便于被家庭或商业机构所接受，并且人人都具有与之交流的能力。

登月任务

人类在1969年干了一件惊天动地的大事，他们跨越了230,000英里的真空，首次降落在月球表面——并且他们用到的计算机能力只相当于一部便携计算器！不管怎么说，NASA(美国国家航空航天局)登月模块

计算机历史第二部分：个人计算机的崛起

1943–1944年

ENIAC——被公认为是数字计算机的鼻祖，这台机器占地面积达20×40平方英尺(约74平方米)，由18000个真空管组成。

1953年

COBOL编程语言——这是首个类似英语的计算机编程语言，最终演化成Fortran[1]

1969年

阿波罗领航计算机组——这些机器将计算机的运算能力延伸到了月球上。

UNIX——这种操作系统是由贝尔实验室开发的。

1947年

晶体管——贝尔电话实验室的科学家们发明了晶体管，由此可以制造出更小的电路板，为个人电脑的诞生打下基础。

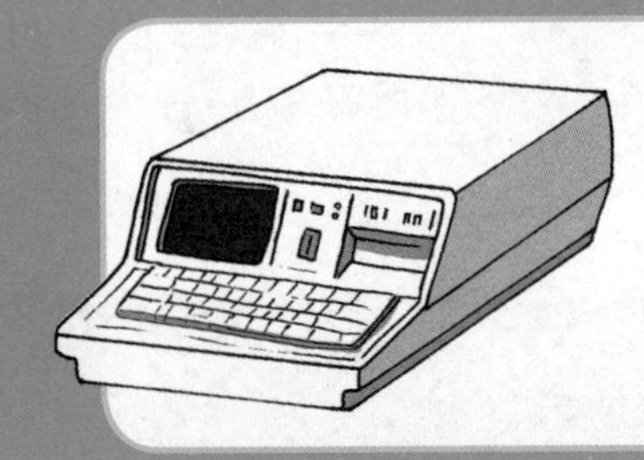

1975年

IBM 5100——这是首台现代化的桌面计算机，带有键盘、显示器和内置存储。

微软——比尔·盖茨(Bill Gates)和保罗·艾伦(Paul Allen)成立了这家公司。

中的阿波罗领航计算机算是计算机科技的重大突破。当时，它是这颗星球上（和星球外）体积最小的计算机之一。NASA 和来自麻省理工学院的工程师们成功地将七个冰箱大小的计算机缩成七磅（约 3.18 公斤）重，体积和微波炉大小差不多。更重要的是，它装载的软件可以让宇航员们用简单的名词与动词的组合输入指令，而不用程序员从旁协助。有了这部计算机，不懂编程的用户也能操纵计算机了。

1976 年

苹果电脑——史蒂夫·乔布斯（Steve Jobs）和斯蒂夫·沃兹尼亚克（Steve Wozniak）成立了苹果公司，开始销售他们的第一台电脑 Apple Ⅰ。

1977 年

Apple Ⅱ——它的发布为主流消费者带来了用得起的、可规模化生产的电脑。

1981 年

IBM 个人电脑——IBM 公司推出的这款电脑搭载的是微软研发的 DOS 操作系统。

1985 年

Windows——微软推出了这款全新的操作系统。

美国在线公司[2]成立。

1988 年

首部可开合的笔记本电脑由康柏电脑公司[3]发布。

1989 年

万维网（www）发明成功。

人类一小步，女性一大步！

玛格丽特·汉密尔顿（Margaret Hamilton）

你可知道有一位女性数学家叫玛格丽特·汉密尔顿？她是阿波罗登月计划中两部便携计算机程序的创造者。她创造了“软件工程”这个术语，同时她还发明了这项工作。二十世纪六十年代，美国着手制订阿波罗登月计划时，计算机这一科学领域基本上还是寸草不生的状态，更不用指望飞船附载计算机中会有现成的软件程序可供运行了。汉密尔顿和她在麻省理工的同事们创造了这个程序。他们的工作不仅对人类首次安全登月来说至关重要，也为后来世界范围内40亿美元产值的产业奠定了基础。

当今进展

人类登月之后不到十年，首批价格亲民、批量生产的个人电脑就送到了消费者的手中为他们提供服务。计算机工程与技术接连不断的突破性进

计算机历史第三部分：因特网的黎明

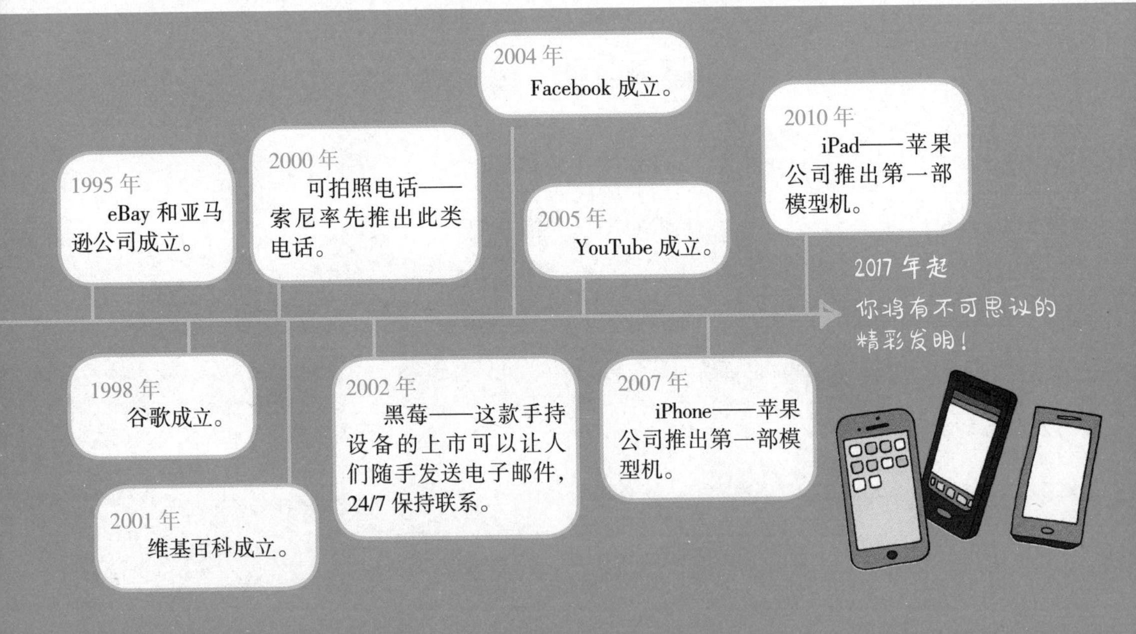

1995年 eBay和亚马逊公司成立。
1998年 谷歌成立。
2000年 可拍照电话——索尼率先推出此类电话。
2001年 维基百科成立。
2002年 黑莓——这款手持设备的上市可以让人们随手发送电子邮件，24/7保持联系。
2004年 Facebook成立。
2005年 YouTube成立。
2007年 iPhone——苹果公司推出第一部模型机。
2010年 iPad——苹果公司推出第一部模型机。
2017年起 你将有不可思议的精彩发明！

展让这些机器越来越轻便、快速，再结合无线传输与移动设备的相关技术，世界就成了我们今天所看到的模样。你可以在环游世界的途中，随时使用小到能放进口袋的设备和他人来一番视频通话。

我从没思考过计算机的这些方面。想着通过编程，我们也能成为开创者，发明新事物，真是了不起。
我明白啦，好吧？我准备好学习编程了，我们要怎么开始呢？

编程入门的方式不止一种，有一种方式是选择一种编程语言，然后一头扎进教程里，不断去练习；另一种方式是先探究电脑的工作方式，然后你就会明白你能命令它们做些什么，又该怎么下达你的命令，这正是我们现在要采取的方式。

让我先透露一点小提示：计算机非常“聪明”，但是它们并不擅长做三明治。

注释：

[1] Fortran 源自于“公式翻译”（英语：FormulaTranslation）的缩写，是一种编程语言。它是世界上最早出现的计算机高级程序设计语言，广泛应用于科学和工程计算领域。

[2] 美国在线公司（American Online），AOL 公司，总部设在弗吉尼亚州维也纳，可提供电子邮件、新闻组、教育和娱乐服务，并支持对因特网进行访问。

[3] 康柏电脑公司由三位来自德州仪器公司的高级经理罗德·肯尼恩（Rod Canion），吉米·哈里斯（Jim Harris）和比尔·默顿（Bill Murto）于 1982 年 2 月分别投资 1000 美元共同创建，2002 年被惠普公司收购。

坐下。
别动。
打个滚。
真是好电脑！

怎样与你的电脑交流

尽管计算机经常被当成是“能思考的机器”或“电子大脑”，但实际上它们需要很多帮助才能运行和工作。它们非常擅长“听从”指令，但是它们并不具备自主思考的能力。这就意味着，当你想让计算机做什么的时候，你的指令必须相当精确。

这是因为计算机会分毫不差地听命行事。

花生酱和果酱效应

想象一下，你放学回家看见自己的专属机器人站在厨房里候命。真棒，是不是？你很饿，于是你要求机器人——我们就叫它超凡机器人 3000 好了，简称小机——给你做个花生酱果酱三明治。

“请求详细指令。”小机用机器人的电子音说道。做三明治需要的每一种原料都摆在厨房柜台上，于是你回答道：“好吧，走到柜台那里，拿上面包，把花生酱和果酱放在面包上，然后拿给我。”

于是，小机咕噜咕噜滚到柜台边（我说过它有轮子吗？）拿起花生酱罐子，又拿起果酱罐子，把它俩放在一袋面包上面。

计算机是非常咬文嚼字的，如果你想让小机给你做一个真正能入口的三明治，你必须要这么说：

“定位面包，打开包装袋，拿出两片面包，并排平放在柜台上。向右侧滚动 0.6 米。定位抽屉，打开抽屉，从抽屉里拿出刀。关上抽屉。向左侧滚动 0.6 米。定位花生酱，打开罐子。把刀插进花生酱里……”

你明白了吧？

你需要了解一种编程语言才能够开始编程，不过理解电脑的思考方式也非常重要，这样你才能够给出正确的指令让它听你的话，完成你交代的工作。

嗯！
这听起来很需要技巧。

实际上也不会，一旦你找到了计算思维（Computational Thinking，它的基本含义就是用电脑的方式进行计划、解决问题和分析信息），理解了计算机处理信息的过程，你就能够明白它们的能力所及与不足之处。认识到这一点，编程就容易多了。

???
那么，计算思维和我们平时的思考有什么不同呢？

我们从身边的外部世界获取信息以后，会在大脑中进行许多复杂的操作来处理这些信息，比如你的想象，或者想出一个解决问题的新办法，又如与他人通过肢体或口头语言交流思想感情。计算机在这些方面仍然无能为力。

但是在我们大脑活动中有一部分基本的活动，计算机能够非常出色地完成。

第一件事就是*记忆*。计算机能记住你给出的所有信息，然后当启动正确的程序时，它们知道该如何再次找到这些信息。也许你能记住很多事情，比如最好的朋友的生日，或者要去吃最喜欢的冰激凌该怎么走，计算机则能储存数以十亿计的文字、数据、数字、照片、视频、游戏及书籍。

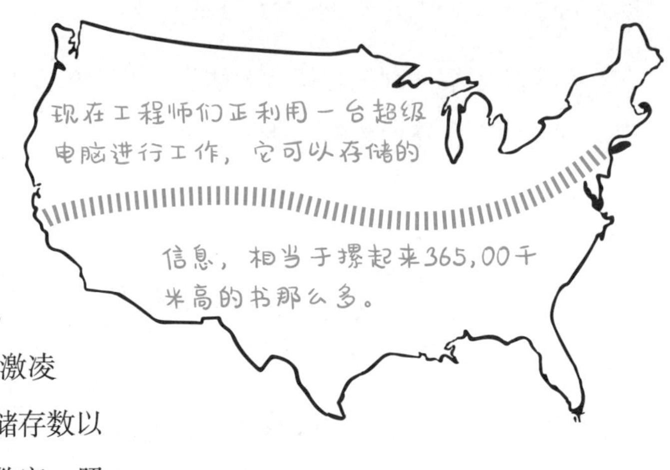

现在工程师们正利用一台超级电脑进行工作，它可以存储的
信息，相当于摞起来365,00千米高的书那么多。
这么多的书都够横跨美国65次了！

计算机的第二个专长是*重复*。我们始终在重复做事，而实际上，重复——一次又一次地练习相同的内容——是我们学习的重要组成部分，就像你在备考或者记忆戏剧台词时所做的那样。计算机从这些周而复始的过程中得到的收获和我们的学习过程有所不同，但它们恰好非常擅长重复处理。它们反复进行一项运算或者任务上百次，也丝毫不会感到疲倦、无聊乃至发生差错。想想早晨的第一件事吧，你的手机首先会叫你起床，它发出的叮当响声告诉你是时候开启新的一天了。每个工作日闹铃都会在同一时间响起，这就是你手机上的一个程序在重复运行……尽管你希望它别那么尽忠职守。

计算机的第三个长处是*做出决定*。这里指的不是人们在生活中常做的那种决定，比如“我的事业该如何发展？”或“我该向那个人表明心迹吗？”计算机的决定更类似于“上还是下？”“打开还是关闭？”“巧克力还是香草？”这一类的问题。不过，几乎每个计算机程序都有些重要的组成部分，它们是由这些简单的决定经过正确的组织方式建构起来的。

想想车上或者手机上的 GPS 系统，在你输入地址或者目的地的时候，GPS 程序就会搜索与目的地可选路线有关的大量信息，然后决定你该左转还是右拐，走这条路还是那一条。

这些任务——记忆、重复、做出决定——就是计算思维的基础。如果你把一定数量的这类过程组合成一个整体……

女孩，
你在编程啦！

但是你若随意排列，想让计算机完成这些工作可行不通。你必须用计算机能够理解的方式将这些任务组合起来。你需要遵循特定的规则。

不要忘了计算机的工作方式
输入——处理——输出

你已经知道编程就是用一种编程语言写下给电脑的指令。与任何语言一样——英语、法语、斯瓦希里语、印地语——我们所有人都需要遵循规则，这样大家才能理解我们说的话。你不能随意组合词句还指望别人听得懂，就像“外此，像这样读你就，然后像尤达大师一样听起来我们会。”

数据是你输入计算机里用于完成任务或进行计算的信息。

逻辑是你希望计算机在处理数据时遵循的规则。

编程也是如此。实际上，编程语言甚至比能形于声的语言更加精准、确切。因此，尽管使用不同的编程语言编程的方式各有特点，但每种编程语言都有几块相同的基础组成部分，按照一系列清晰的规则排列后，这些组成部分就可以用一种电脑能够理解的方式来描述他们希望电脑完成的工作了。

让我们来了解一下，如何用代码告诉电脑去记忆、重复或者做出决定吧。

变量 = 记忆

在你进行编程的过程中，被称为变量（Variable）的是你希望电脑记住的特定信息。变量就像是你用来储存信息的收纳盒。

你有没有做过手账、缝纫、画画、拼贴画或者美发？变量就像做手工用的盒子，你可以把各种各样的物品和材料都放进去。在实际生活中，你可以给每个盒子都贴上标签并标明内容物：纽扣、珠子、蜡笔、发绳，通过这种方式你可以迅速地找到自己需要的东西。命名你的变量也是一样的——做一个贴着标签的收纳盒，然后把信息放进去。内容物不尽相同，但标签收纳盒是一成不变

的。在编程过程中，使用变量可以区分和储存各种各样变来变去的数据。

变量不仅能储存数字，还可以储存短句和被称为字符串（Strings）的数字序列，甚至是被称为布尔运算（Booleans）的真假判句。

下面是一些可以存储在变量中的信息：

variableName = value;（变量名称）

数字：变量可以包含数字类的字符数据。

currentAge = 12;（现在的年龄）

costOfIceCream = 2.50;（冰激凌的成本）

daysLeftOfSchool = 234;（剩余的上学时间）

stringLengthInches = 7;（丝线长度，单位：英寸）

文本：变量可以包含一长串文本，文本通常要加双引号。

mentorsName = "Leila";（导师的名字，“莱拉”）

favoriteSong = "Don't Stop Believin";（最喜欢的歌曲，“永远相信”）

dayOfTheWeek = "Friday";（一周中的某一天，“周五”）

statusUpdate = "I'm so excited that I'm learning to code！！";（状态更新，“我好激动啊！我正在学编程！！”）

布尔运算：变量可以用于储存真假值，需要做出决定的时候这些数值就很有用了。

isWeekend = True;（是否是周末，是）

loggedIn = True;（是否已经登录，是）

brotherIsAwake = False;（我的兄弟睡醒了，否）

stillHaveString = True;（丝线没有用完，是）

循环 = 重复

循环（Loop）就是命令电脑进行重复的一串代码，和你每天定时重复的闹铃一样，循环就是在代码中重复某一进程的结构。

假设你在某个收纳盒里放了一些珠子，而你正在串一条项链。你想把珠子串成这种花样：■♥●◆然后重复■♥●◆。一遍一遍地重复串起这种花样就是你的循环。当你用代码表示循环时，

```
while(stillHaveBeads==true){
    addBeadsToString( );
}
```

第一步：想出一种花样；

第二步：重复这种花样直到串满线绳；

第三步：在线尾系上环扣，扣好。

同样需要告诉电脑在什么条件下停止循环或者应该重复多少次。有时你会创造出一个永远不会结束的循环，这叫作无限循环。在这个案例中，这么做会产生世界上最长的项链哦！

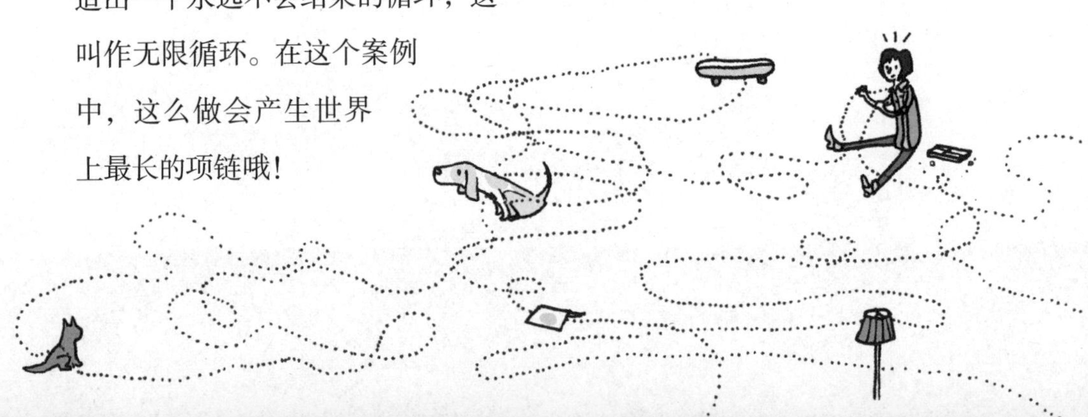

条件语句 = 做决定

当你需要电脑做出决定时就要用到条件语句（Conditionals）。你可能总是和条件语句不期而遇。也许你曾听父母或者祖父母说过这样的话：“如果你先把作业做完就可以看电影。”所以，一个条件就是表达出做某件事或者决定某件事的前提。

在编程过程中，我们常用“if”（如果）语句来表示条件。在生活中我们也一直用这样的陈述方式来做出决定。如果（*if*）在我要出门时下起了雨，那么我就穿上雨鞋。如果（*if*）我放学回家的时候很饿，那么我就吃点零食。现在你也试一下吧，想想你在日常生活中经常会碰到什么样的条件陈述：

如果__________，那么__________。

如果给索菲娅做一条项链，

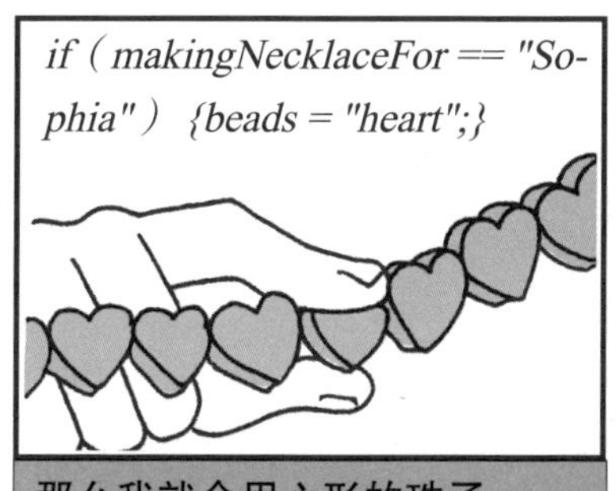
if (makingNecklaceFor == "Sophia") {beads = "heart";}

那么我就会用心形的珠子。

因为这是她最喜欢的。

有时候条件不成立，你也希望能有其他结果，那么你就需要用到“else”（否则）语句来表达希望发生的结果。如果（*if*）在我要出门时下起了雨，那么我就穿上雨鞋；否则（*else*）（或者用 otherwise，如不然）我就穿运动鞋。如果（*if*）我放学回家时很饿，那么我就吃点零食；否则（*else*）我就直接

如果随便给谁串一条项链，

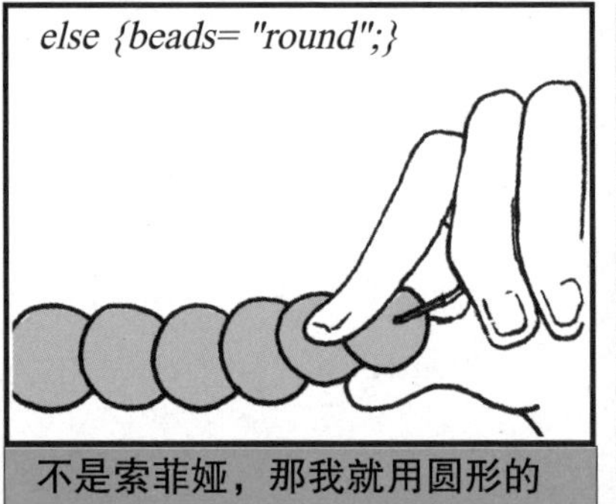
else {beads= "round";}
不是索菲娅，那我就用圆形的珠子。

因为人人都喜欢。

开始写作业。如果和 / 或否则一起设定出条件下的决定结果。

变量、循环和条件语句都是最基础的组成元件，你可以开始套用它们写代码，告诉你的计算机该做什么了。着手给电子游戏或者社交媒体网站编程也需要用上这些组成元件。事实上，它们是如此重要，以至于我们把它们和函数（你在下一章会学到的内容）一起称为 CORE4 计算机技术。一旦你理解了这些组成部分，并且遵循计算机能够理解的规则，你就可以用它们大概勾勒出你想在编程设计中复现的真实生活场景了。

啊……
这些东西怎么能帮我理解编程呢？

就是这样，你现在可以开始你的创造之旅啦。

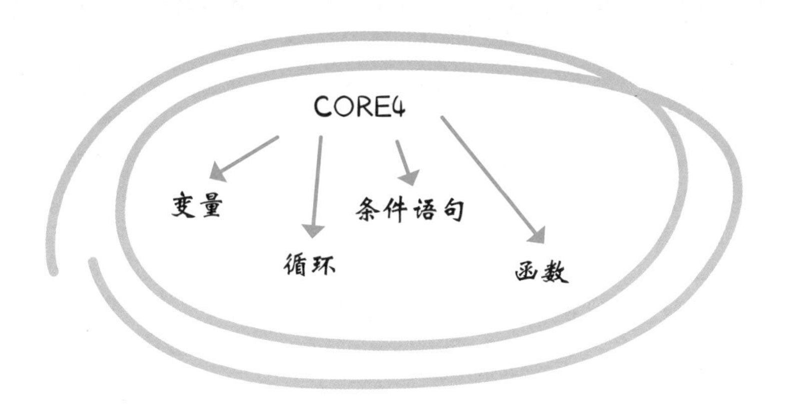
CORE4
变量
循环
条件语句
函数

噢，要比这些更复杂一点，但是这些任务正是许多代码完成的基本活动，大型软件所运行的代码也是如此，如维基百科、Instagram和 WhatsApp，我们会在下一章为你讲解，还会提到墨西哥鸡肉卷呢。

也就是说……实际上只要懂得发出记忆、重复和做决定的指令，就能让我手机上的电子邮件或者游戏统统正常运转起来了？

又及：为什么小鸡不停地过马路？

因为它的程序是个无限循环！

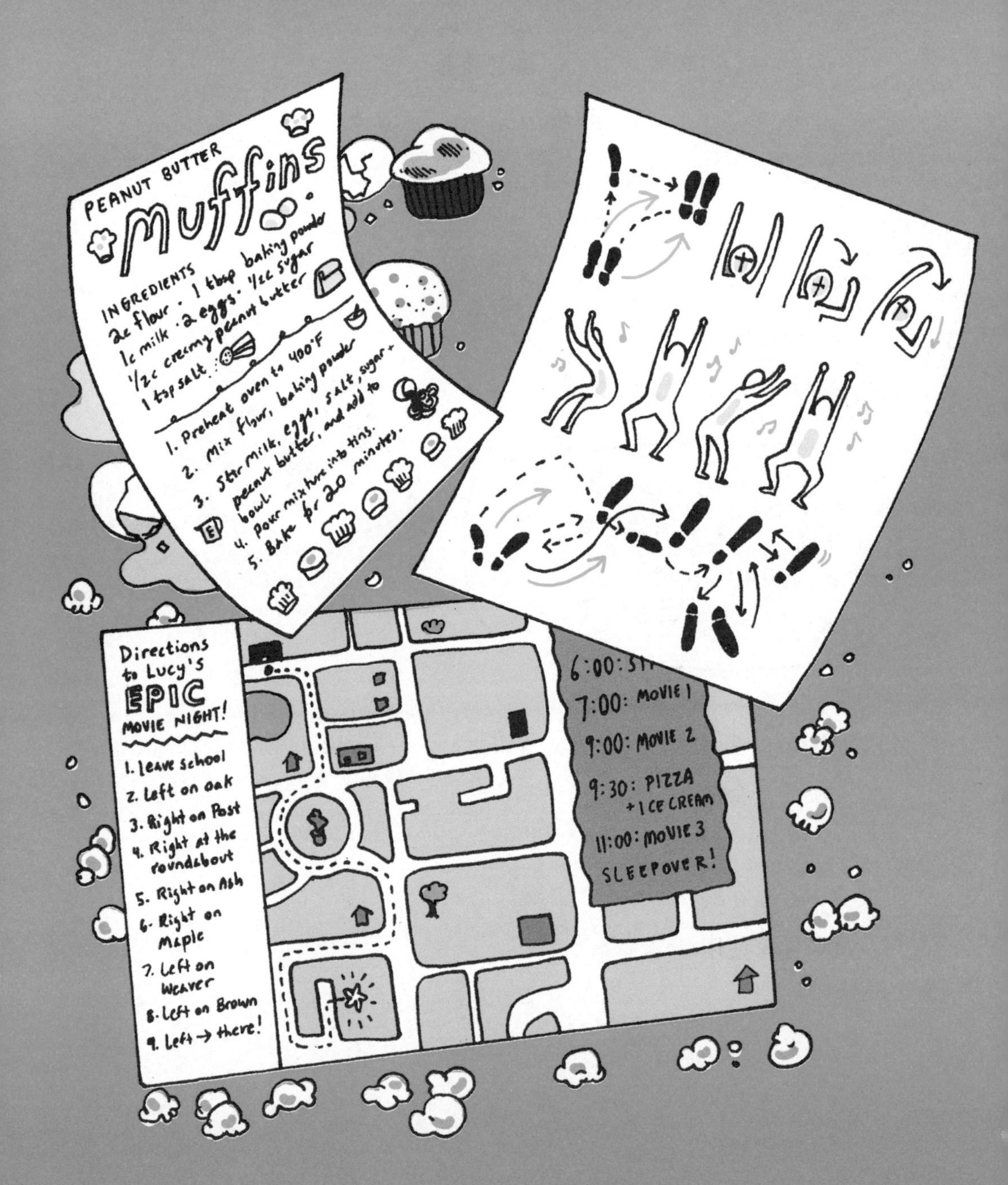
PEANUT BUTTER
Muffins
INGREDIENTS
2c flour · 1 tbsp baking powder
2 eggs · 1/2c sugar
1c milk
1/2c creamy peanut butter
1 tsp salt
1. Preheat oven to 400°F
2. Mix flour, baking powder
3. Stir milk, eggs, salt, sugar + peanut butter, and add to bowl.
4. Pour mixture into tins.
5. Bake for 20 minutes.
Directions to Lucy's EPIC MOVIE NIGHT!
1. Leave school
2. Left on Oak
3. Right on Post
4. Right at the roundabout
5. Right on Ash
6. Right on Maple
7. Left on Weaver
8. Left on Brown
9. Left → there!
6:00:
7:00: MOVIE 1
9:00: MOVIE 2
9:30: PIZZA + ICE CREAM
11:00: MOVIE 3
SLEEPOVER!

归　纳

如果你在拿起这本书之前对编程有一定的了解，也许你会认识这个词：算法（Algorithm）。这个听起来大气又神秘的词似乎就是你完成网络搜索，以及为你弹出在线购物选项的神秘公式。但是，算法这个词不是专门留给计算机科学家使用的，你可能每天都需要处理好多次算法问题，只是自己没有意识到。

算法只是完成任务所需要遵守的、按照特定次序排列的一系列指令而已。

玛芬蛋糕制作说明就是一种算法，舞步也是，通往朋友家的路线也是，甚至连你每天早晨的例行准备都可以视为一种算法。

每天早晨大概是这样的：醒来、起床、刷牙、挑选衣服、穿上衣服……穿鞋、披上外套再走出门去。

你几乎每天都会遵循这个算法，它总会带来同样的结果：你，穿戴整齐地去上学了。

早晨的例行准备看起来很简单——简单到你几乎可以在半睡半醒间完成！但是，这当中实际上包含了许多非常精细的步骤，光是穿上鞋袜再系好鞋带就是一个多步骤进程了。

还记得第二章中你的机器人朋友小机吗？小机让我们明白，做花生酱果酱三明治的算法展开来看实际上也相当复杂。但是算法提供了相当清晰明了的路线图，任何人都可以遵照执行，甚至包括超级咬文嚼字的机器人。

所以，我在田径训练之前热身，或者穿鞋、洗头发的时候，一直都在使用算法？

是的，不仅是这些，你每天还会用到一些世界上更为精细的编程算法。当你用搜索引擎搜索，或在手机上查看某地的天气预报，或点开 YouTube、Netflix 等流媒体服务提供的“为你推荐”列表，或点开在线购物网站的时候，你所接收到的信息都是通过程序员设计编写的算法收集得到并且推送给你的。

如果你喜欢龙猫，你可能还会喜欢：

那么，程序就是用计算机能够理解的方式编写出的大号算法吧。

你的话 100% 正确。程序中所用的算法就是你想要计算机遵循的一系列指令，这并不是指实际运行的代码，它只是一个任务的分解步骤，需要你来把它变成代码。

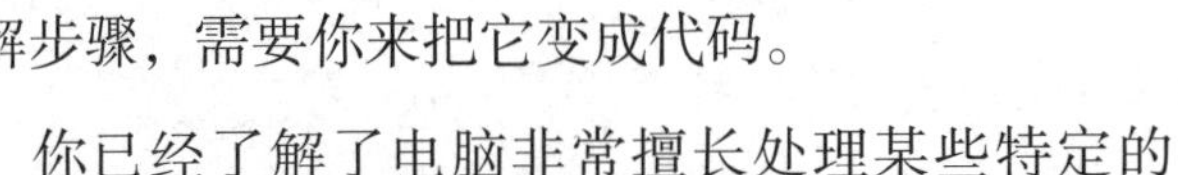

你已经了解了电脑非常擅长处理某些特定的任务，比如记忆、重复和做简单的决定。算法就是将这些不同的任务用计算机懂得遵守的顺序组合在一起，让计算机得出结果。这就是你使用最适合处理某一任务的编程语言进行编程能达到的目的。我们为什么不用你每天都要做的事情举个例子，然后把它用算法表示出来，分析出其中的变量、条件语句和循环呢？

谁来回答？

完美，我们就叫它午餐排队算法。莱拉，你开窍啦。

好吧，露西，你最喜欢吃什么？
墨西哥鸡肉卷！
所以你在学校里排队买午餐的时候，如果有墨西哥鸡肉卷，你一定会买吗？
是的，基本就是这样。我喜欢它是因为它可以随心选择喜欢的馅料。
选择最喜欢的食物就像设置变量。LucysFavoriteFood = Tacos. 露西最喜欢吃墨西哥鸡肉卷。
我最喜欢的是加豆泥鳄梨酱的墨西哥鸡肉卷。美味！
所以条件语句可以是：如果有墨西哥鸡肉卷，露西就会买三个带豆泥鳄梨酱的鸡肉卷。
TACO DAY!
但是如果没有鸡肉卷呢？你第二喜欢的食物是？
比萨！
好的，所以条件语句就是：如果有墨西哥鸡肉卷，露西就会买三个带豆泥鳄梨酱的鸡肉卷，
否则，露西就会订一份比萨。
正合我意。
很好。我们刚刚弄明白了条件语句，现在我们要怎么加一个循环上去？
假设午餐队排到了露西，她选了三个墨西哥鸡肉卷，又捎上一根香蕉和一杯苹果汁。然后，她身后一名学生走上前选了同样的东西，排在后面的第三名学生也做出了相同的选择。三个学生组成了一列，选择同样的食物，这可以算作一个循环了。
如果第四个学生走过来，拿了三个带豆泥鳄梨酱的鸡肉卷、一根香蕉和一杯牛奶呢？
MILK
噢，那样循环就结束了。
我明白这个算法了，但是我现在好饿，还没到午餐时间吗？

这只是一个很小的算法，不过如果你想，每个人都可以自己写一个算法，历时整个学年，包括各种各样的食物。不管你的算法有多么庞大、复杂，基本的步骤仍然相同。

让我们来看一看用伪代码写成的午餐排队算法。伪代码（Pseudocode）用日常用语写就，能精确无误地表示出你将要编码的各项具体指令。

如果露西买了鸡肉卷：

当仍然有剩余鸡肉卷时，

卖午餐的阿姨给鸡肉卷填好馅料；

否则：

卖午餐的阿姨端来比萨，

卖午餐的阿姨给露西拿来苹果汁和香蕉。

啊哈！
我能读懂。我的意思是说，这很明白！每个步骤都很清晰。

这就是伪代码的美感——这种方法是先用英语计划好你的代码内容，之后把它翻译成计算机代码。我们来看一看该怎么做。

D.R.Y. 不要自我重复

你会看到伪代码中有一些元素是重复的，比如给鸡肉卷填馅料，填的一直都是鸡肉和豆泥鳄梨酱。在你编写程序的时候，会出现大量重复的代码，因为你经常需要让程序反复做相同的事情。

但是你不必把相同的词句写了一遍又一遍！有句话很多程序员很早就学到了："DRY。"不是你游泳课后"弄干（Dry）"头发的那个意思。D.R.Y：Don't Repeat Yourself，不要自我重复。想要写出优秀的算法和代码，要注意两个要点：其一是清晰，这一点你已经从我们的机器人朋友小机身上了解到了；其二是效率（Efficiency），你的代码要简单、清晰、呈流线型。我们很幸运，有一些捷径可以帮你做到这一点。

午餐流程，循环

我们称之为鸡肉卷星期二——诶嘿！因为露西每一次吃的鸡肉卷馅料都一样，所以算法包含的指令与代码永远都是相同的：三个鸡肉卷都要鸡肉和豆泥鳄梨酱。在代码中，这个模式大概如此：

```
taco1.fill ("chicken")
taco1.fill ("guacamole")
taco2.fill ("chicken")
taco2.fill ("guacamole")
taco3.fill ("chicken")
```

```
taco3.fill ("guacamole")
```

哇哦，这么多代码要打好久！你不用一遍又一遍地把露西所有的鸡肉卷都写在代码里，你可以写一个循环来重复这个过程：

```
for each taco in lucysOrder:
taco.fill("chicken")
taco.fill("guacamole")
```

现在，你的三个鸡肉卷都填上了相同的馅料，我们的代码只有三行。但是如果每个鸡肉卷都想要不同的馅料呢？我们来看一下函数吧！

函数

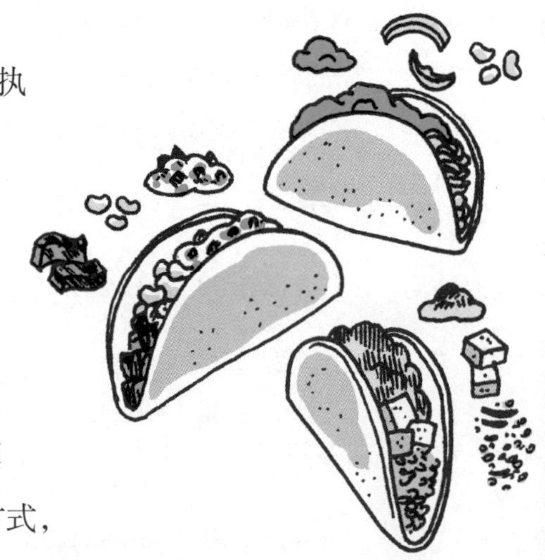

函数 (Function) 是在规模更大的程序中执行特定职能的一组代码。编写函数的原因有很多，其中最大的理由就是它可以帮你避免一遍又一遍地写同样的代码。你只需编写一个函数，给它命名，然后等你用的时候，就打出名字调出你的函数来，这样，它就会在你程序的这个部分发挥作用了。这就像创建了一个按钮或者快捷方式，让你的代码能自动执行该项功能，同时又不需要你每次都详细地写出指令。

我希望能有个函数帮我整理洗好的衣服！

我确定世界上有人正在研究叠衣服机器人，但是我们现在还是回到午餐排队算法，看一看函数在程序中能起到什么样的作用吧。

定义你的函数

创建任何函数的第一步都是定义它，给它取一个名字——否则在需要用它的时候你的程序就找不到那一串代码了。名字需要清晰地描述出函数的用途。所以，在这个例子中，我们就给函数取名为 fill_my_taco 函数！

你一旦给函数起好了名字，就该着手编写代码了。在这个过程中，有一部分工作是设定函数中的参数（Parameter）。参数就像用于函数的迷你版变量，它们的作用是存储可更改的信息。

参数用代码表示是这样的：

```
def fill_my_taco（taco,item1,item2）:
taco.fill（item1）
```

taco.fill（item2）

以上代码中括号里的部分就是参数，在这个鸡肉卷填料函数中我们可以加两种不同的馅料。

调用函数

等你建好自己的函数，需要做的就是在代码中实际应用它，这是很重要的一步。仅仅定义并建立一个函数是不够的，你还需要告诉计算机要在何时何地使用这个函数。通过把函数的名字写在你想要它运行的代码中就可以用上这个函数了，这被称为“调用”函数。

用代码表示调用函数是这样的：

fill_my_taco（taco1,"chicken","guacamole"）

我们也可以试试给别的鸡肉卷换上不同的配料！

fill_my_taco（taco2,"tofu","salsa"）豆腐和莎莎酱

fill_my_taco（taco3,"beans","queso"）豆子和奶酪

现在我们有了三个鸡肉卷，它们各有不同。嗯……很丰富嘛！

在一个程序的客户端里，函数也可以通过按钮或快捷方式的形式表现出来，比如文字处理应用中的打印按钮或网页浏览器上的后退按钮。在使用软件的时候按下某个按钮，代码中的函数就会被调出来予以

激活。

函数库

等你真正开始编程的时候，运用函数能够为你节省大量的时间。在编程过程中，函数不是唯一的捷径，函数库（Library）也是程序员的重要资源。我们不是在说图书馆，不是指你去借书的地方（耶，我们❤图书馆！）。代码函数库中存储着别人已经写好的有用的算法和代码片段，这样其他人就可以直接拿来用在程序里了。函数库中各种各样的代码对程序员来说唾手可得：

搜索算法，如百度等搜索引擎中运行的那种。

分类算法，可以帮你通过不同的方式将数据进行分类——按照字母顺序，按照数字，按照名称，等等。

推荐算法，收集用户的输入或搜索模式，然后据此给特定的用户提供建议，就像 Netflix 的“为你推荐的电影”或亚马逊网站上的产品。

使用函数和函数库中已经写好的代码不仅可以为程序员节省大量的时间与精力，还可以借机把自己写出的富有美感、精确而简洁的代码片段和大家一起分享。

应用程序编程接口

应用程序编程接口（API）是另一个大有用处的编程工具，它是应用之间分享信息的一种方式。如今，有大量的应用程序都提供了任何人都可用的 API，如 Yelp，National Weather Service，Google Maps，Pinterest 和 Twitter，你可以把这些公司的代码用在自己的程序中，在网页中插入推特动态或者展示某人所处位置当前的天气信息。API 创造了一种连接某个程序的途径，这样别的程序就可以分享它的数据与服务了。这真是计算机程序员们合力创造伟大技术的一个生动范例。

这是我们编程女孩组织中的三个女孩编写的一个非常有意思的移动应用，用到了算法、API 和函数。

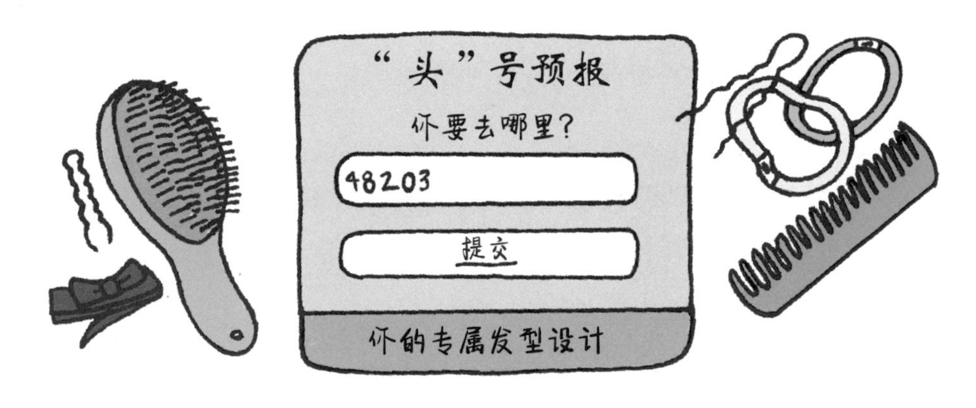

这个便捷的应用可以让你的发型永远正确无误地匹配当日的天气。它的编写者是 Kenisha J，Serena V 和 Faith W。

她们这样描述创造出应用的灵感：

“我们意识到女性有一个普遍的问题，就是大家起床时候的发型一般都

不尽如人意。在梳洗打扮的过程中，我们需要将大量的环境因素纳入考量，比如天气与湿度。结果呢？在我们寻找匹配环境状态的新潮易上手发型时，大量宝贵的时间就匆匆溜走了。为了解决这个问题，我们想到了做个‘头’号预报。”

“用户在‘头’号预报应用中输入头发长度、发质与目的地的邮编，应用就会根据这些信息为她们生成发型。这样，女性再也不用担心天气‘毁掉发型’了。有了‘头’号预报，拥有头号出色的外表就不再是个问题！”

这是应用的 Javascript 代码中的一个取数指令。别担心，你不必完全明白，我们标注了重点。

```
var zip = document.getElementById("usersZip").value;

$.ajax({

url:"https://api.wunderground.
com/api/2f800aa485a60839/geolookup/
conditions/q/"+zip +".json",

dataType:"jsonp",
```

这行代码可以读取用户输入的当前地址的邮编，并将其储存为一个叫作“zip”的变量（就是邮政编码）。

这里是通过一个名叫Weather Underground的网站的API，使用邮编来检索当地最新天气数据的。

```
success:function(weatherData){

        var location = weatherData['location']['city'];
```

如果 API 生效，这行代码可以从 Weather Underground 获得邮政编码对应地区的天气信息并储存。

这行代码可以将女孩们的城市信息储存起来，从天气数据中存入一个名为“location”的变量。

```
        var temp_f = weatherData['current_observation']
    ['temp_f'];

    }
    })
```

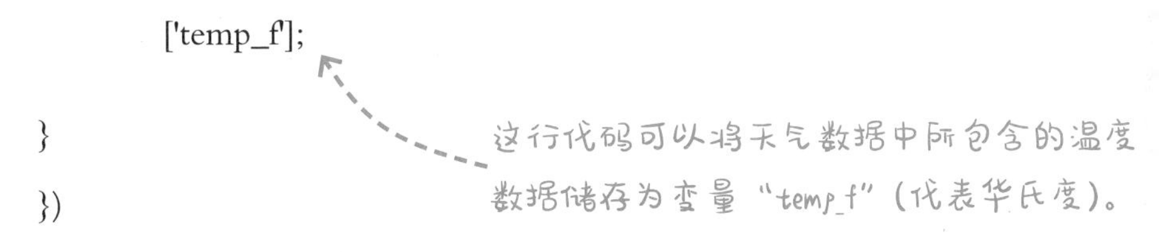

这行代码可以将天气数据中所包含的温度数据储存为变量“temp_f”（代表华氏度）。

```
alert("Current temperature in"+location+"is:"+ temp_f);
```

在这里应用可以利用收集到的信息将城市名字和当前温度反馈给用户。

女孩们使用变量，再把它们组合为超级方便的算法，这个应用就被创造出来了。她们编写代码、添加函数，并利用 API 来提供天气数据，很快，一款无论天气如何都能让你的头发整齐光鲜的应用就制作好啦！

所以，*如果*……

*如果*你准备好踏上创造的征程了，*那么*就请留心我们下一章的内容吧，那全部都是关于如何入门的。

*如果*你尚不确定自己想要创建的内容，*那么*也许你可以跳到第七章阅读示例，从中汲取灵感，了解通过编程可以实现哪些事情！

不过，首先我们要弄明白你更像哪一种动物：小狗还是小猫。

吱吱
吱吱

入　门

有谁做好项目启动的准备啦?

你打算创造什么?如何进行?你的计划是什么?

如果这些问题让你摸不着头脑，别担心，你不是一个人。万事开头难，但开头也是最刺激、最有创造力的。开始的方式不止一种。

从头开始

在新项目启动的时候，不管是什么项目，每个人的反应都是与众不同的。但它通常介于两个极端之间，我们称之为“公园里的小狗”和“得到玩具的小猫”。

“公园里的小狗”是那种热爱新项目的人，这些人会马上撸起袖子开始干。他们酷爱想出新点子，浑身上下都散发着灵感与激情，揪着头脑中迸出的每个火花不放手。这种能量是不可思议的，但是，有时这些新手会因为追逐新想法而迷失方向，在完成项目之前就精疲力竭了。

“得到玩具的小猫”在接触新鲜事物时的反应则正好相反，他们看上去不是那么感兴趣。实际上，这种新手有时想到要开始新项目就觉得不知所措，但是，他们实际是在估计工作量、加以思考、进行规划、寻找切入点。这些“小猫”一旦扑了上去，就会感受到无穷无尽的乐趣。

在理想化的世界中，每个人都落在两个极端中间的某个点上——既不害怕新鲜事物，也会花时间考虑目标，然后有的放矢地逐步规划。

好消息是，无论你属于哪一种新手，也不管你想启动一个多么大的项目，迈出第一步就已经有了一种久经考验并证实是真正有效的方法了。

谁想猜一猜是什么呢？

开始任何大型工作的最好方式就是将它分解成更小、更易于实践的任务。你可以理出一条清晰的思路，这样就不会觉得完全不知道从哪里着手了。

所以，我们了解一下在编程项目中分解任务的几种方式吧。

设计—建立—测试

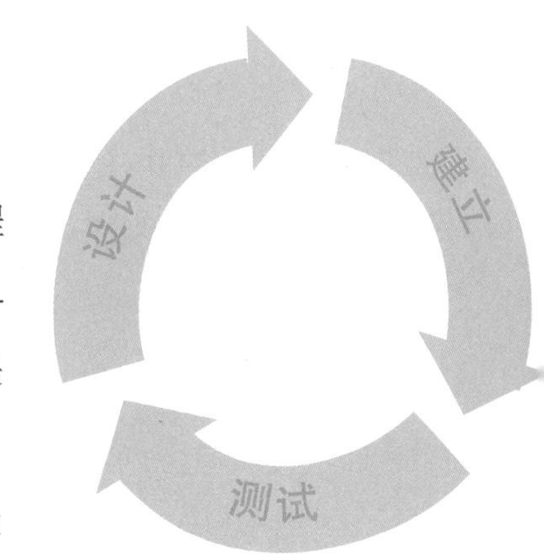

在编程及许多产品的生产过程中，设计师和程序员遵循这种“设计—建立—测试（The Design-Build-Test cycle）”模式进行工作，其大致经过是（下面）这个样子的。

起初设计好你自己的产品，然后进行构建，最后加以测试以确定它在按照你的想法工作。一般在测试结果出来后，你可能需要返回到前面的设计步骤，因为你会察觉到有些地方行不通，或者你发现了能够有所改进的地方。

但是如果你不知道该设计些什么呢？

也有解决这个问题的流程步骤，通常这是开始编程要迈出的第一步，对于绝大部分人来说这也是最有趣的环节！

引发头脑风暴的气压

在一行代码还没写的时候，你就要先找出自己想要解决的问题，以及何种产品能够对它的解决起效。可能你脑中已经有了一个盘桓多日的灵感，想到了一个你希望自己能够拥有的产品。也许这是你已经在使用的物品，你希望对它做出改进。也许你对这是个什么样的项目一点儿想法都没有，但是你能感觉出某种风尚，或者是单纯地期盼着来点新名堂。也许你所感兴趣的是一部戏剧、一首诗、一段乐曲、一种社交动力、一项运动，甚至是停留在你心头的一抹蓝色。这些全都是开启头脑风暴（Brainstorming）的绝妙起点——利用不加任何规则限制的自由思考得出可以付诸实施的灵感的过程。

我知道头脑风暴是什么了，但是你要怎么开始呢？**头脑风暴些什么？**

开始的一个方法是先从思考你感兴趣的主题开始。你可以假定一系列的场景，比如“当我在田径场上记录冲刺时间时，我希望我有一个________。”或者“当我研究濒危动物时，我很想了解________。”或者“当我在网上寻找蛋糕装饰的灵感时，如果能________不是太好了吗？”怎么样？或者“如果全世界的 App 应用任由我挑，我希望它们可以做到________。”或者“我每天都在使用这个设备，但是我可以通过________提高它的表现。”头脑风暴的目的就是通过启动你的想象来形成灵感。所以，去网上搜索、走进图书馆、参观博物馆、翻阅杂志、观看广告、出去走一走，通过视觉、听觉、味觉、触觉与嗅觉感知身边的世界吧。深入探究全新的或者令人振奋的主题能够让你的注意力集中起来，发挥自身所学。

正是如此，灵感无处不在，这样的深入拓展探索能帮你抓住它。你的大脑接收信息并且进行连接的方式可能起初并不明显，所以，做一些白日梦也没有关系。对于狗型人，现在正是追逐蝴蝶的时候，看一看你会被它们带往何方。如果你更像一只猫，头脑风暴也是非常有趣的、低压力的、能够让你“伸出爪子”试探一下新玩具的方式。

做得美观些

白板、木头公告板、彩色笔记卡、大头钉、便利贴和小标签，荧光笔、马克笔、蜡笔和彩色铅笔，笔记本、活页夹、便笺薄、图画纸，杂志页、明信片、照片、设计图、调色板、电影海报、封面艺术，名言、歌词、俗语、符号，这些全都是可以用在头脑风暴会议中的优质工具。摆好一块灵感记录板，把你的想法写在笔记卡上钉上去。为你的产品想出一个巧妙的标题或者名字，然后写在你的墙上（不过在往墙上写字之前要征得成年人的同意！）。画出游戏里的主要角色，或者构思图标设计。写下你心中的首要问题，在板子上找个高处挂起来。写下

你能想到的所有答案，再用荧光笔涂上不同的颜色，因为视觉刺激可以有效地让你的创造性思维转动起来。

找个帮手

不过，你想知道头脑风暴里最重要也是超级特别的秘密武器是什么吗？

你的朋友！协作（Collaboration）或者一起工作是头脑风暴的精髓。人们可以在小组内畅所欲言，在语言交流的基础上构建出雏形。这非常有趣，不同的人能带来不同的视角，从你可能想不到的方面考虑问题。借助合作过程中的集思广益，灵感会变得更为成熟。不过也不要忘了，头脑风暴还可以起到尽可能多地推出新想法的作用。这时不需要太多的自我意识，也不用担心自己的想法优秀与否。相应地，也别让自己觉得该停下来评估一下别人的建议。此处的关键点是让思想自由地流动起来，把那些判断和决定留在以后吧。所以，在这个过程中，非常重要的一点是要带着善意看待每个人的想法，创造一个安全的、能够直抒胸臆的、不带评判的空间。

设计

在头脑风暴云消雨歇之后，你抓住了一点灵感的闪光，知道自己想要做些什么。这时候该对目标进行优选了，意思是，要将你的思考范围缩小到符合以下要求：

想做，

能做，

并且认为它值得做。

想知道你的想法是否符合以上这几条，最好的办法就是对自己要做的事提出一些有现实意义的问题。在这个环节当中，让我们浏览你的“设计金库”，看看能发现些什么。

直击你的设计

总而言之……把它当成电子游戏的第一关好了。

〉开始

第一关：

我们需要它吗？

思考一下那些你希望自己拥有的事物——某种有趣又有用的产品或服务。它是一个帮助学生记录家庭作业截止日期的应用，还是一款教育青少年驾驶时发短信有危险的游戏，或者是用在照片或视频中的新式滤镜？试一试，找出一种尚未被满足的需求，考虑下你的产品会如何给这种需求带来满足。

答案：是的。
恭喜！一个好点子！
〉继续

答案：不太确定。
继续头脑风暴。
〉重玩本关

第二关：是否已经被别人造出来了？

我们怎么才能知道自己的产品是否已经被别人造出来了呢？搜索！在

答案：不。
恭喜！一种有用的新产品！
〉继续

答案：是的。
我们可以做出改进吗？
继续搜索。
重玩本关

如果这就是你的答案，你最好能仔细审查一下这个已经面世的产品，研究一下它是否有可被改进的地方。读一读用户评价，和亲朋好友讨论一下他们对于已经存在的产品还有何期待，弄清楚哪种方式有效，哪种行不通。想想看，是否可以将这种产品改进得更适合特定的用户使用，比如儿童或者青少年。记住，即使是已经面市的产品，你仍然可以从它身上找到未被满足的用户需求。

网上、商店里或其他可能找到这种产品的渠道去寻找相似的项目，努力地查找是否有和你的灵感类似的产品已经面世。

第三关：
别人需要它吗？

问问你自己，这个灵感是否符合用户需求。人们想要它吗？他们需要它吗？他们会喜欢它吗？这些问题对于新开发的和已经上市的产品来说都很重要。问问身边的人，和朋友、老师、家人聊一聊，用一到两句话向他们讲述一下你的设计梗概，看他们如何回答——是引起广泛的共鸣，还是

答案：是的。

目标用户是？继续搜索。

〉继续

人们想要你的产品，太好啦！现在想一想这些人的具体身份，谁会用到你设想的程序、应用或者机器人呢？他们会以什么方式使用？使用的前提是什么？如果你要改造产品去适应特定人群，那么外观和风格该做出哪些改变呢？这样会影响到产品的功能吗？例如，幼儿园使用的拼写小蜜蜂游戏和青少年玩的字谜游戏的说明就很不一样。仔细地思考你的目标用户，然后把你的思考融进你的设计里。

答案：不太确定。

听一听反馈，尝试做出调整。

〉重玩本关

只换回人们耸耸肩说一句“哦”？把你得到的反馈写下来，这将有助于修饰你的设计。

第四关：我想去做吗？

然后是个重要的问题，扪心自问：“我有没有足够的兴趣能保证专注地完成这个项目？”项目可行吗？你有足够的时间和精力投入进去吗？这是个在足球练习、钢琴课和作业的空当就能完成的小玩意儿，还是一个大得多的、会占用你全部的个人时间的应用？要保证你的时间够用。更重要的是，这个想法能让你兴奋起来吗？也许你会发现需要一个应用来提醒你修剪脚指甲，但是这并不意味着你想把夜晚和周末都花在这上面。任何项目

答案：是的。
恭喜！
> 进入下一关

答案：不太确定。
继续头脑风暴。
> 回到起始点

都需要投入时间，如果你要花大量的时间去创造，你就必须对自己所做的事情抱有信心，并且自始至终有足够的时间和精力用于钻研。

将目标可视化

希望你到现在为止已经大致想好了要做个什么，也许并不是多么新颖，但是你想到了某种富有趣味的改进或者对某个特定用户来说它将非常有用。你已经问过了前面的审查问题，完成了搜索，准备好要着手将灵感变成现实了。

想象你有一幅 1000 块的拼图，但是盒子上没有提示你该拼出个什么样的图片，空空如也。没有图片的引导，要把这些碎片用正确的方式组合起来该有多难啊！所以，在你启动项目之后，下一个有用的步骤就是将你的灵感可视化（Visulization），把想法用图画出来或者做成表格。换句话说就是你可以开始设计啦！

世界上有服装设计师、平面设计师和产品设计师。如果你要制作产品，就总该有人负责设计产品。在计算机编程的过程中，设计师并不总是由编写代码的工程师担任。有些设计师擅长分析用户体验（User Experience），他们通过考虑人们使用产品的交互场景来创造产品；也有的设计师擅长平面设计和硬件设计。尽管并不是所有的设计师都一定懂得怎么写程序的代码这档事，但对程序员来说理解设计却是非常重要的。

设计师：在线搜索一下设计师的定义，你会找到这个："一个在产品投入生产建造之前计划出产品形状、外观或者操作方式的人，他通常会将产品特征详细地画出来。"

线框图

线框图（Wireframe）是画网站页面或者 App 应用的外观时要用到的技巧。线框图的细节大同小异，但是无论采用简单的还是复杂的线框图，它们都是将你的最终产品可视化的第一步。

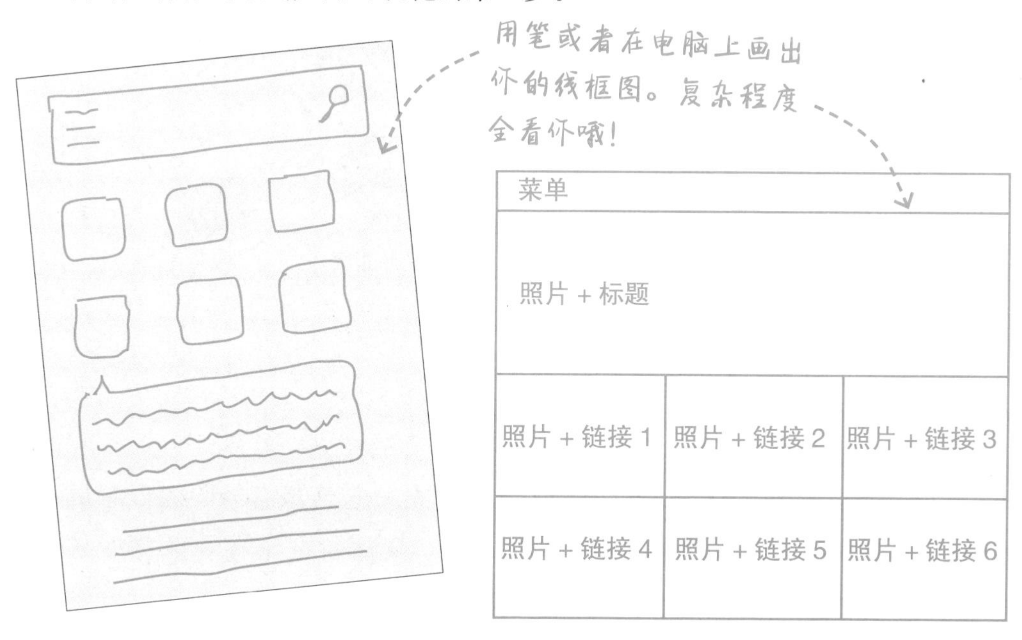

故事板，草图，图表，绘画

故事板（Storyboard）就是展示如何使用你设计的 App 应用的小漫画，常常用在电子游戏的设计中。它们一环套一环地展示游戏过程，画出了游戏中的不同关卡和外观。你可以从简——只要能解释清楚游戏中特定关卡的位置与规则即可，也可以非常详尽，连角色的外表与行为都一并奉上。

即使你没有打算制作应用或者游戏，在开始之前画出自己的想法仍然大有裨益。制作机器人？那就画出它可能的样貌吧。画一张图表，填上它能理解的不同指令与做出的相应回复。想创造具有交互功能的首饰或者智能手表？勾勒出它的大概形状、尺寸与颜色来。它会有多大？可以调节吗？在图片上做出注释，标明你写的代码会提供什么样的特征和功能。无论你选择哪种方式，将思想可视化都能在你着手构建时帮你厘清前景。

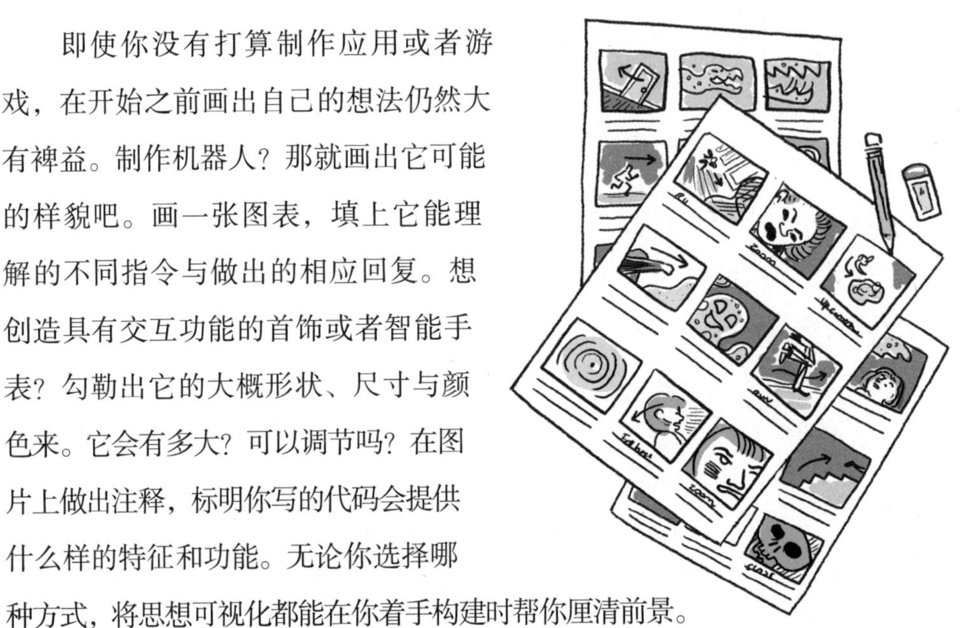

特性蔓延

这是设计阶段中需要讨论的最后一个部分——连最有经验的程序员都可能因此做噩梦。这简直就是令人毛骨悚然的怪物哭嚎[1]！

噢，这并不是怪物哭嚎，而是特性蔓延（Feature Creep）。我们并不是真的在说黏糊糊的沼泽怪兽，不过吓人程度也不相上下。特性蔓延就是说，你为自己的设计感到欢欣鼓舞，并因此不停地往它上面增加新功能。（公园里的小狗，说的就是你！）增加酷酷的附加功能和服务是很不错，但是这也有点像在你的冰激凌圣代上加了太多配料，达到某个程度之后就会摇摇欲坠。如果你加了太多附属项目导致特性蔓延，就会产生产品不易上手的风险，并且几乎没办法进行编程。最佳策略是一开始就简洁明了，专注于产品最重要的那部分功能——你的产品要行得通必须具有的那些功能。你可以等到你的项目上线运营之后再添加其他功能。

从这个角度考虑一下：你在上数学课，你的老师让你写一个等于 4 的等式，你可以写 $1+1+1+2-1=4$，$1+3=4$，$2+2=4$ 或者 $2^2=4$。

条条大路通罗马，但是总有更加简捷快速的道路。

你的设计也是如此。你的目标是用最简洁、直接的方式完成你的最终产品。简洁的设计可以为你节约精力，你可以把精力更多地用在保持产品顺利运行、提升用户界面美观度及优化使用体验上，而不是陷入过多功能的沼泽。

既然你已经启动了设计的车轮，是时候思考一下实际上该如何构建出你的项目了。

这是项目计划的下一个层次，与产品的外观无关，而是着眼于考虑如何让产品运行起来，为此又需要写出哪些代码。

那么，就让我们告别头脑风暴与设计，向世界说你好吧！

注释：

[1] 怪物哭嚎（Creature Feep）和特性蔓延（Feature Creep）是作者的文字游戏。

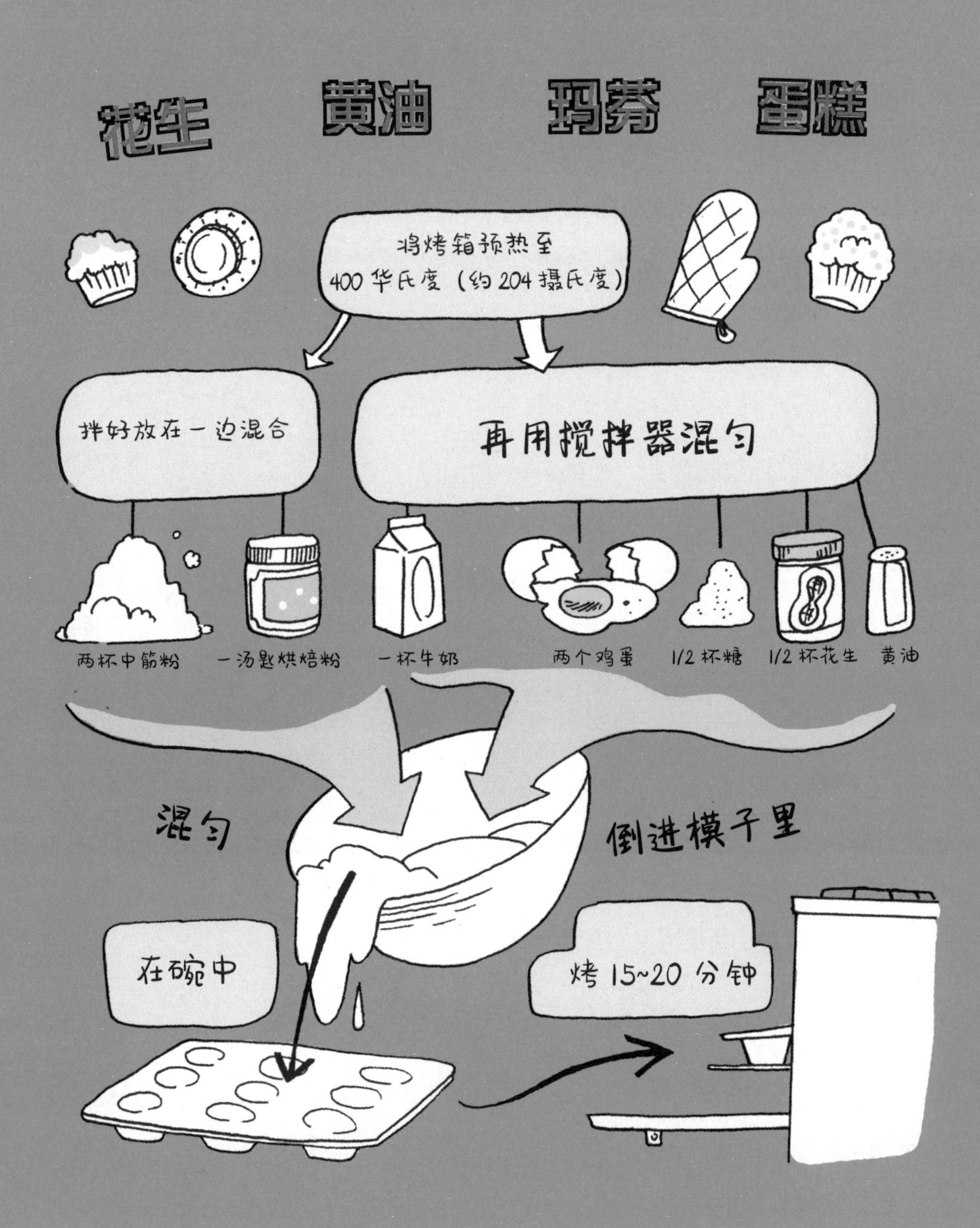
花生黄油玛芬蛋糕
将烤箱预热至
400华氏度（约204摄氏度）
拌好放在一边混合
再用搅拌器混匀
两杯中筋粉
一汤匙烘焙粉
一杯牛奶
两个鸡蛋
1/2 杯糖
1/2 杯花生
黄油
混匀
倒进模子里
在碗中
烤 15~20 分钟

破解代码

好啦，现在你了解什么是头脑风暴了，也清楚如何进行设计了，我们该准备好了，可以开始构建了，是吗？

…………

并不是。

别多想，我们马上就到那一步了。不过，在你开始编写代码之前，还有两个很重要的步骤需要完成，它们可以帮你预估问题、修正错误，从长远来看，能为你节约大量的时间与精力。

顺“流”而下

构建任何事物最好的方法就是遵照计划行事。作家会列出大纲，画家则勾勒出草图，工程师使用蓝图，服装设计师采用模板。编程也是一样的道理，只不过在编程中这个计划被称作应用程序流程（Application Flow）。应用程序流程有点像把算法可视化以后的样子，它是一种流程图，上面列出了你的程序完成它的目标所需执行的所有步骤。你可以把它画在一张纸上或者白板上，或者用各种各样的线框表格记录下来，重点是把它写下来然后仔细研读。

目标就是你想要程序做的事情——是让设计出的程序完成的任务。头脑风暴帮你想出自己想要构建的事物，类似的，应用程序流程通过相同的方式帮你具体勾勒出它的工作过程，尤其是当你的程序算法开始变得复杂起来的时候。

我们试一试吧。我们想做些什么？

手机垒球游戏怎么样？

完美回答。那么假定我们已经设计好了线框图，对游戏有了一个大致的想法。现在让我们想一想游戏要如何运行，游戏的第一步是什么？

玩家拿上球拍就位！

然后呢？

等等，这有点难。你在上垒的时候会发生的情况太多了！

是的，你可以打出一垒、二垒、三垒及全垒打。你可能被判出局。投手可以扔给你一个球，外野手可以截下你的球，游击手可以在你上垒之前就盯上你……

你刚才观察到了一个重要的细节：如果我们试图重建真实的垒球比赛，就需要非常先进的算法，可能要花上好长时间才能完成编程。我们可能还没有准备好面对这样宏大的工作量，所以，在我们开始画应用程序流程图

之前，我们应该先把事物简化一下。（看到这一点了吗？我们甚至在开始编程之前就已经发现并且解决了一个问题。这就是为什么我们要做计划！）

所以，这要如何设计？简化版的垒球规则是这样的：

1. 客队先击球；

2. 客队可以击球三次，如果击中了球，该队得一分；如果漏接了，就算一次失误。三次失误出局；

3. 三振出局，然后轮到另一队；

4. 每队一共可以击球七轮（所以总共十四轮）；

5. 在游戏结束时，分别计算总分决定输赢。

我们把规则画成应用程序流程图吧。

从这里开始

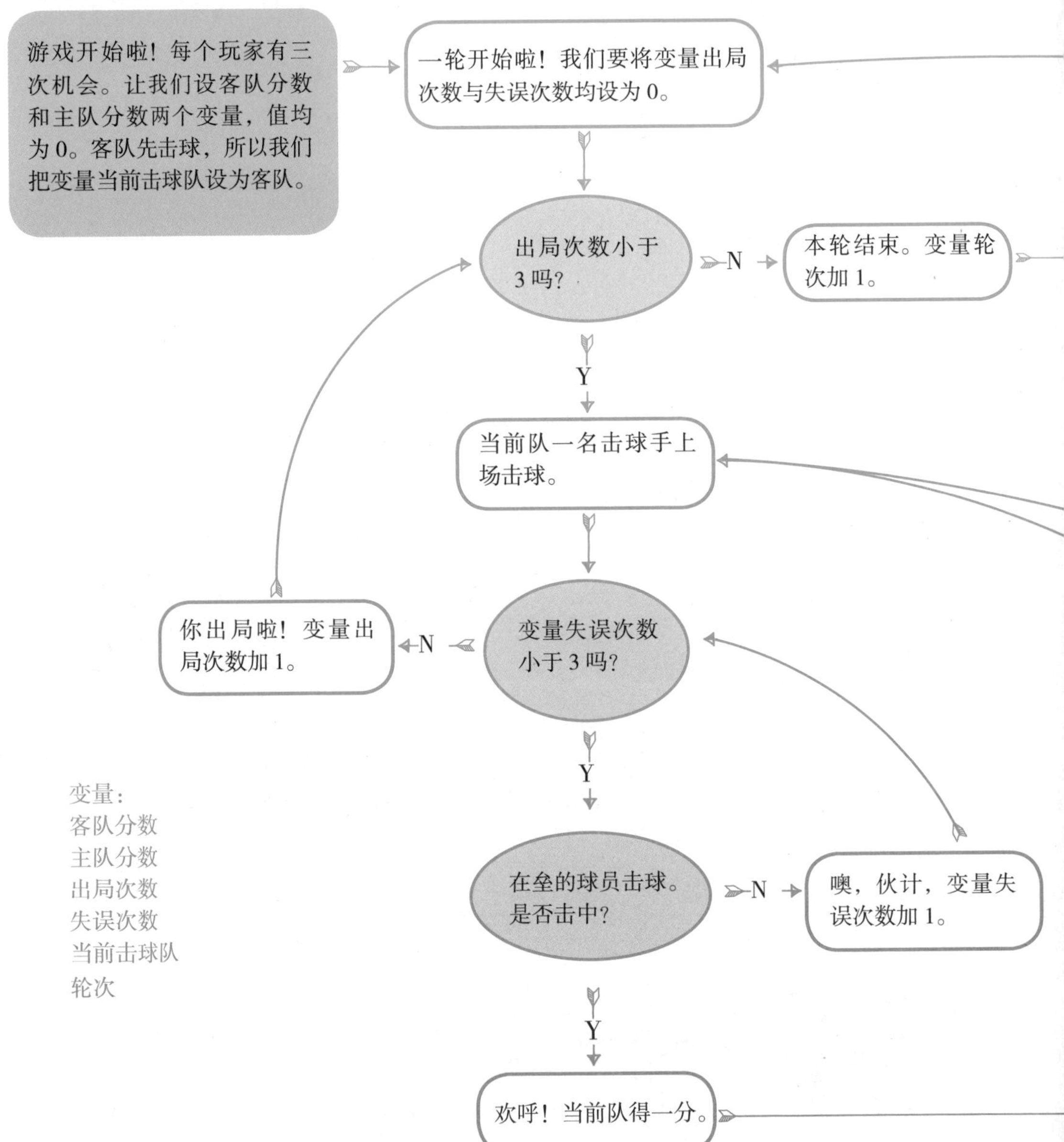

游戏开始啦！每个玩家有三次机会。让我们设客队分数和主队分数两个变量，值均为 0。客队先击球，所以我们把变量当前击球队设为客队。
一轮开始啦！我们要将变量出局次数与失误次数均设为 0。
出局次数小于 3 吗？
N
本轮结束。变量轮次加 1。
Y
当前队一名击球手上场击球。
变量失误次数小于 3 吗？
N
你出局啦！变量出局次数加 1。
Y
在垒的球员击球。是否击中？
N
噢，伙计，变量失误次数加 1。
Y
欢呼！当前队得一分。
变量：
客队分数
主队分数
出局次数
失误次数
当前击球队
轮次

垒球
（简化版）

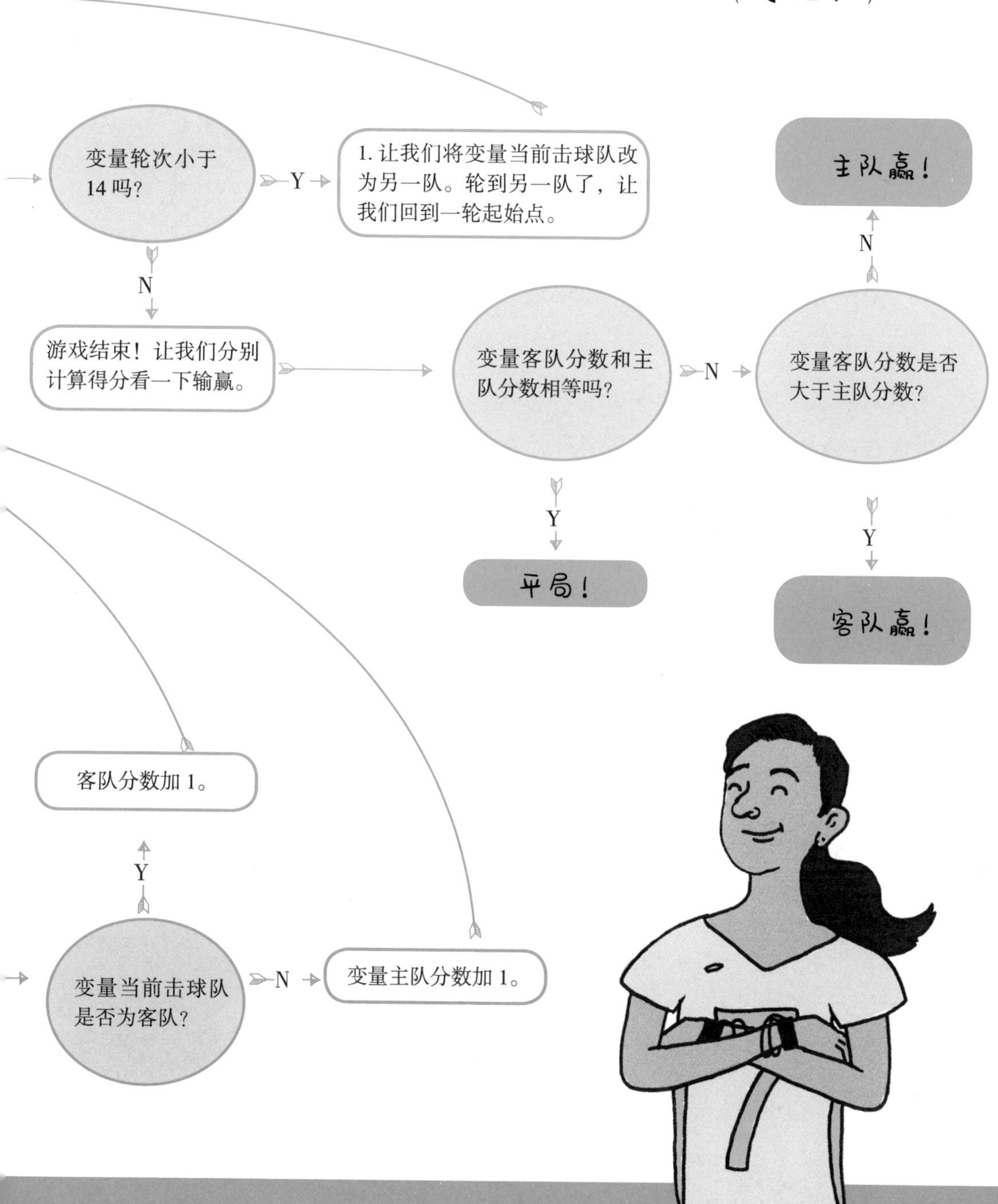

变量轮次小于14吗？
Y
1. 让我们将变量当前击球队改为另一队。轮到另一队了，让我们回到一轮起始点。
N
游戏结束！让我们分别计算得分看一下输赢。
变量客队分数和主队分数相等吗？
Y
平局！
N
变量客队分数是否大于主队分数？
N
主队赢！
Y
客队赢！
客队分数加1。
Y
变量当前击球队是否为客队？
N
变量主队分数加1。

你注意到的第一件事是什么?

有许许多多不同的分叉与支线。这并不是一条直线。

完全正确。算法在很少的情况下会是一条直线。通常情况下，应用程序流程图看上去就像地铁或者火车路线图，起先只有一条主线，但是马上就会出现通往不同方向的支线，根据用户行为的不同而发生相应的变化（如击球、三振出局等）。这有点像那种可以自由选择情节发展的书——每个选择都会导向不同的故事结局。这就意味着，作为一名程序员，你要做的不仅是写出一套带有开始、中间和结尾的指令，你的算法还必须要包含能够应对程序中全部可能情况的指令。这就是为什么应用程序流程图能帮上很大忙的原因了。借此，你可以看到程序里存在的多种可能性，从而对自己需要写出的相应代码有个初步的概念。

请允许我参加通过软性球体进行的多人活动。
呃……你是说想玩垒球?
是的。

将流程图的内容归类

在勾勒出游戏进程的雏形与不同的发展分支之后，你就应该区分出哪些支线是循环，哪些支线是条件语句了，当然，你还需要确定变量。

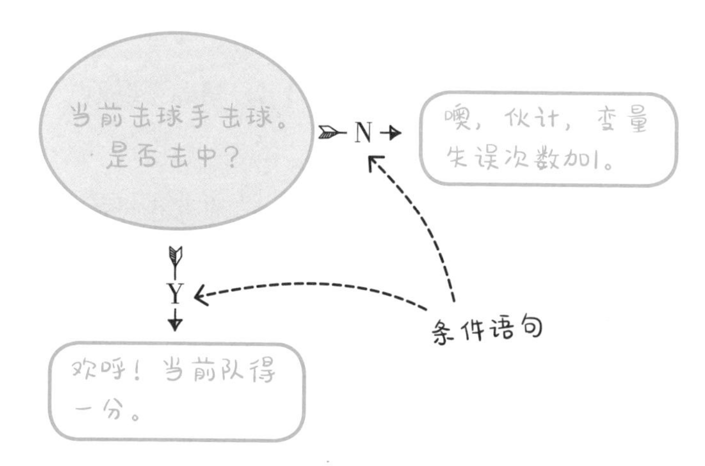

变量：失误次数

条件语句：如果当前球员击中球，该队员所在球队得一分，否则算一次失误。

变量：失误次数

循环：当前球员继续击球，直到变量失误次数达到3或击中球。

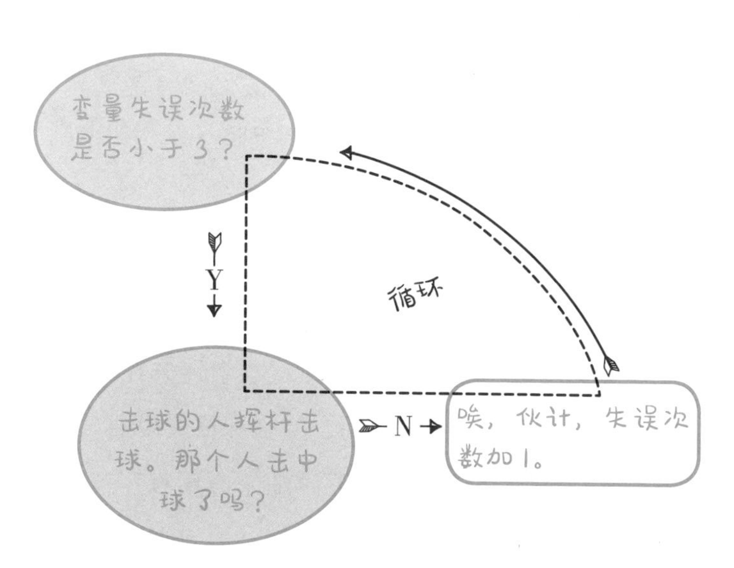

写出来

你刚刚搞定了设计过程中大概算得上是最困难的那部分！你已经计划好了自己的程序流程，并给它贴上了标签，现在可以动手写程序了。现在仍然没到实际编写代码的部分，现在这个版本的代码我们一般称之为伪代码。到现在为止，你在这本书里已经读到许许多多的伪代码了（如第三章的午餐排队算法），所有的伪代码都用日常用语写就，它们可以精确无误地表示出你将要编码的具体指令。

伪代码基本上来说就是用机器人说话的方式将你的算法写出来。在这种“代码”中，你可以清晰地表示出全部的条件语句、循环和变量。

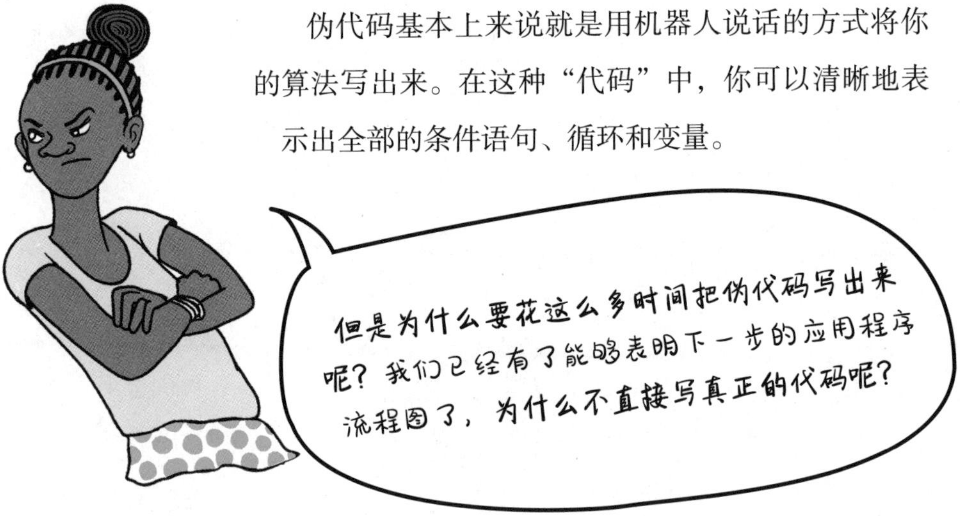

但是为什么要花这么多时间把伪代码写出来
呢？我们已经有了能够表明下一步的应用程序
流程图了，为什么不直接写真正的代码呢？

伪代码可以让你把程序的逻辑（Logic）写出来——这一步在编程过程中是贯穿始终的——这样你就不会迷失在代码的语法（Syntax）里了。语法是那些编写代码的拼写、空格和格式规则。

如果你用伪代码写下详细的应用程序流程，在实际编写代码的时候，就不需要再思考下一步该做什么、程序能不能正确运行了，你也不会被编程语言的规则所干扰。你需要做的只有一件事：把伪代码翻译成真正的代码。

```
scoreForHomeTeam = 0
scoreForAwayTeam = 0
```

在游戏的开始，把两队的分数都设为0，客队先击球。

```
turnNumber = 0
```

这是第0轮的开始。

```
teamAtBat = "away"
while (turns < 14):
outs = 0
```

在轮次不超过14时（每队7轮），两队可继续轮流击球。

```
while (outs < 3):
```

在出局人数达到3之前。

```
strikes = 0
player.next( );
```

当前击球队派出一名击球手，击球手上垒并且没有失误。

```
while (strikes < 3):
```

该队持续击球，直到该名击球手三振出局。

```
hit = player.bats( );
if (hit == True):
if (currentTeamAtBat == "away"):
scoreForAwayTeam = scoreForAwayTeam + 1
else:
scoreForHomeTeam = scoreForHomeTeam + 1
```

如果该队击中了，加1分。

```
else:
strikes = strikes + 1
```

如果没有命中，则失误次数加1。

秘密武器——解决问题

做蛋糕和编程有异曲同工之处，按照样板缝制裙子、给绘画草图上色或组装玩具都是如此，这些都是遵循计划按部就班进行的过程。

记住，编程其实就是解决问题——接手一项庞大的任务，再通过计算思维考虑如何将它分解细化为工作量更小、可行性更高的若干部分。一旦你完成了这一步，下一步就是选择你用来编写

嗯……
我不太确定自己真的对编程语言的概念理解无误了，还有，为什么会有不同的编程语言存在呢？

程序的编程语言，你已经准备好了。

那么，就让我们来选择一种编程语言吧。

你需要知道的第一点是，在机械层面，绝大多数计算机运行时采用的都是一种非常简单的名叫二进制（Binary）的语言。二进制代码将数字、词汇，甚至图像和音频转化为一系列的 1 和 0，这样就可以通过电脉冲的形式在计算机中进行传送了。这些二进制数（Binary Number）的每一位代表一个比特（Bit）。

但是，电脑为什么要用二进制数字，而不是我们平时都在使用的普通数字和词语呢？

二进制代码如此适合计算机运行，是因为计算机是由数以百万计的电路板组成的。这些电路板就像电灯的开关一样有两种模式，要么开启，要么关闭。只要用两个数字——1 和 0（其中 1 等于开启，0 等于关闭）——电脑就能将数以万亿计的数字和命令简化为两个不同的电脉冲。

想一想代码，随便一种代码，它实际上是什么。一般来讲，代码是一种通过词语、数字、字母或符号来表示其他事物的方式。

有时人们利用代码来隐藏秘密，藏起他们真正要表达的意思，就像间谍

摩斯密码

和军队所用的摩斯密码那样。还有些时候，人们用代码代替复杂的短语或信息，以达到更快的交流速度。海上旗语就是一个非常贴切的例子，这种代码用颜色和图案作为便捷的、可视化的交流方式，在海上远距离地传输复杂的指令。

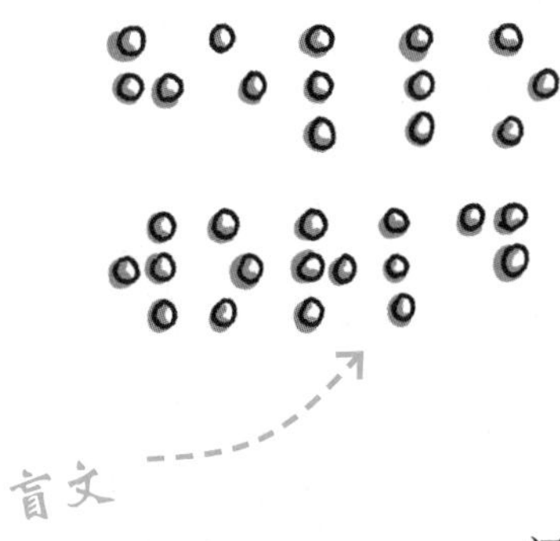

二进制代码的作用也和它们相似，它把复杂的交流系统简化到只剩两个符号。实际上，人类有许多不同种类的二进制代码在计算机之外使用，被用于早期电报和航海的摩斯密码就只使用两种符号，它用点和横线分别代表长短音或者时长不同的闪光来拼写词语。视力障碍的人用手指触摸认读的盲文，用凸起与凹下的点来表示字母，这也是一种二进制的形式。

所以你是说，人类弹精竭虑造出的
世界上最复杂的电脑，它的处理过
程只不过是把几百万个小小的电路
开关开来关去了？

是的，基本上可以这么说吧。相当惊人，是不是？

你会用二进制表达吗

现在想象一下，要是你不得不用 1 和 0 来编写全部的命令会是怎样的遭遇。想要专心完成这件事几乎不太可能，因为人类已经习惯读写人类的语言了，二进制代码违背了大家的直觉认知。这就是为什么编程语言如此重要。

这就是为什么 1952 年的一项突破改写了计算机的发展史。当时的一名计算机科学家发明了最早的具有可操作性的编译器（Compiler），这是一种特别的程序，可以将输入的人类能够读懂的字母和数字内容（abc 和 123）翻译成计算机的二进制语言。这项发明为世界范围内的计算机科学带来了翻天覆地的变化，工程师们从此可以开发更易于人类编写与使用的编程语言或者“代码”了。那么，这位令人叹服的计算机科学家是谁呢？

计算机先驱者

格蕾丝·穆雷·赫柏（Grace Murray Hopper）

如果没有格蕾丝·穆雷·赫柏的思想贡献，就没有现代编程，她常常被称为“不可思议的格蕾丝”。在 1941 年的时候，格蕾丝还是瓦萨尔学院的一名已婚数学家。然后，在 1941 年 12 月 7 日，日本轰炸珍珠港，将美国拖进了第二次世界大战。这项世界性的重大事件也是格蕾丝人生的转折点。就在战争爆发后不久，她和丈夫离婚了，加入了美国海军，并在那里将令人印象深刻的数学才能贡献给了战争，这也是她作为一名计算机科学家的事业起点。战争结束以后，她仍然继续从事计算机科学方面的工作。格蕾丝后来进入到私营机构工作，发明了编译器，并且与其他计算机科学家一道开发出了编程语言，其中，最为人称道的是 COBOL[1]。如果没有她的杰出贡献，人们借以操纵电脑的现代编程与软件发展根本无从谈起。

选择一种编程语言

编程语言有些地方和人类语言是相似的，比如语言种类超级多，并且每种语言对同一事物的表达方式独一无二。要了解世界上有多少种编程语言，请在线搜索一下“hello world 代码。”

Python

```
print "Hello,world!"
```

Hell, World!

JavaScript

```
document.write ('Hello,world!');
```

Hello, World!

Swift

```
print("Hello,world!")
```

Hello, World!

Ruby

```
puts 'Hello,world!'
```

Hello, World!

C#

```
using System;
class Program
{
 public static void Main (string[] args)
 {
   Console.WriteLine ("Hello,world!");
 }
}
```

Hell, World!

Java

```
public class HelloWorld {
 public static void main (String[] args) {
  System.out.println ("Hello,World");
 }
}
```

Hello, World!

正如你所见，同一个意思有各种各样的表达方式。

让你的电脑写出“Hello,World!”的这些简单程序，不过是人们用来检测编程语言是否能正常工作的小技巧，不过这也反映出了世界上有各式各样的编程语言，它们的种类实在太多了。

哇，世界上有这么多种编程语言，我们要怎么决定应该学哪一种呢？

这要视你的目标而定。特定的语言在完成特定任务时独具优势。虽说在完成某项任务时该使用哪种语言并没有硬性的规定，但这里提供给你的指南还是挺有用的。

编程语言	用途
Scratch：可视化编程系统，可以通过彩色模块和预制的图表创建出简单的游戏和应用。非常适合新手起步！	电子游戏、绘画、动画
LEGO MINDSTORMS NXT：FIRST Robotics League 就使用的这种语言，他们是一个帮助学生了解机器人的大型机构。	机器人
Python：一种通用的程序设计语言，可以用于很多方面，包括科研应用。	网络及应用、软件开发、游戏、机器人
HTML/CSS：这些不是编程语言，而是标识语言。标识语言是一种对文本加以设计并进行展示的方式，如标题或网站上文字的设计与展示。标识语言是你调整网站结构 / 内容（HTML）与风格（CSS）时用到的工具。它们不是编程语言，因为它们不能进行记忆 / 重复 / 决定这样的操作，它们多数被用来规划和整理页面上的内容。	网络及应用
JavaScript：尽管和 Java 名字相似，但它们并不相同。这种编程语言是用来设计网络交互操作的。许多函数库都是用 JavaScript 架构的，其中最大的一个叫 jQuery，上传和下载都是完全免费的。	网络及应用

编程语言	用途
Arduino 编程语言：这种语言用来给 Arduino 微控制器编程，建立在 C++（通用编程语言）的基础上。	机器人学
Java：现在高中的进阶计算机科学课程讲授的就是这种语言，它也是一种通用的程序设计语言，用于开发安卓应用。	网页、应用、游戏
Swift：用于 iOS 应用的开发，它需要在 Mac 上的 XCode 程序内开发。这种令人振奋的语言面世的时间非常短，大约是在 2014 年推出的。	应用程序
Processing 语言：它是一种灵活多变的绘图软件语言，非常适合艺术设计。	电子游戏、艺术设计、动画
C：C 语言历史悠久，广为人知，需要迅速完成工作时用它没错。它是一种“系统用语言”，在你和那个 1 与 0 构成的系统之间畅通无阻。	函数库、软件
C#（发音为 C-sharp）：C# 和 C 语言有所不同，但是两者本质上相似。这种语言在游戏开发领域用处很大。	电子游戏
Maya 内置语言：它用于 Maya 软件，就像使用 Pixar 做 3D 动画一样。在 Maya 程序内，你可以用 Python 写脚本、进行 3D 建模和动画制作。	动画、艺术设计、电子游戏

构建

等你逐步缩小选择范围，确定了自己想要用的编程语言之后，就该开始构建了。换句话说，终于到写代码的时候啦！

快速提示：整理清楚并进行备份

在你着手进行构建时，你会创建大量的新文档，也需要时时回顾旧的文件。将你的文件整理得整整齐齐是你能够送给自己的最好的礼物了。根据日期或者版本号建立一个命名系统，然后坚持用下去吧。每一次都使用相同的方式命名文件。每一天都将你的工作备份到一个永久性的存储器中，或者将当天的文件作为邮件附件发给自己，这样你就在电脑之外拥有一份备份了。良好的工作习惯可以帮助你方便地查找资料，并且可以在问题刚刚出现时就将它们消灭。

于是我们走到了这一步——你可以开始编程啦！如果你已经好好盘算过自己的设计，并且完成了前面计划的工作步骤，构建时就只要用代码表示出你的算法就好了。小菜一碟，是不是？

哪里有可能会出问题呢？

注释：

[1] COBOL，其名称来自通用商业语言的缩写，是最早的高阶编程语言，也是世界上最早实施标准化的计算机语言之一，属于编译语言。

ERROR!

调　试

我们想象一下，你已经学完了几门网络课程，掌握了一种编程语言。你坐在自己的笔记本前面，全心全意地投入到编程的世界里，字符串、代码行、变量和循环语句倾泻而出，参数和函数信手拈来，誓要把你的小心意编写出来。你疯狂地进行你的程序构建，进展太顺利了——你简直就是编程全明星！你终于写完了最后一行，开始运行你的程序……

然后，就像学校统一拍照那天脸上却冒了颗青春痘那样，一行字冒了出来：

可怕的信息错误。

是时候接触真正的编程工作了：测试，然后……

调试

构建是一回事，让程序得以顺利运行就是另外一回事了。在测试你的程序时，初次运行差不多都会遇上点磕磕绊绊。在计算机科学中，程序中无法正常运行的部分称为程式错误。发现问题、进行鉴别并加以解决的过程则被称为调试（Debug，也有“捉虫”的意思）。

还记得我们的朋友、编译器的发明者格蕾丝·穆雷·赫柏吗？是她创造了 Debug 这个词，据传闻是因为她在解决电脑失灵问题时发现了卡在硬件当中的一只货真价实的蛾子。为了解决这个问题，她当然要给电脑按字面意义来一场“捉虫”了。这就是本词的来源。

语法还是逻辑

假如你的笔记本里并没有飞来飞去的小虫子，绝大多数问题都可以归结为以下两种错误中的一种。

语法错误（Syntax Error）是你在写代码的过程出了问题，落下了一个字母、符号、空格或者标点符号。

逻辑错误（Logic Error）是应用运行中的错误，原因是你命令电脑做的事情不合理或者无法实现。

这里以 JavaScript 为例。

错误代码	正确代码
var myName = Leila";	var myName = "Leila";

语法错误

这是一个语法错误，因为在Javascript（和绝大多数的语言）中，像莱拉的名字这样的字符串需要在两边都加上双引号。编程中出现语法错误是非常常见的，没有输入分号、空格不正确或拼写有误都可能导致这个问题。

错误代码

```
var numberOfPeople = 0;
var pizzaSlices = 12;
pizzaSlicesPerPerson = pizzaSlices / numberOfPeople;
```

正确代码

```
var numberOfPeople = 4;
var pizzaSlices = 12;
pizzaSlicesPerPerson = pizzaSlices / numberOfPeople;
```

除以零的错误

我们设立了两个变量，一个变量用来表示宴会上的人数，另一个变量表示披萨饼的片数。然后我们尝试根据人数决定如何切分披萨，该给每个人分多少片。然而，电脑和我们一样不知道除以零该得到什么结果，所以，请几个人来赴宴吧！

错误代码

```
if (myAge = 12) {
  alert("Only one more year until I'm a teen!");
}
```

正确代码

```
if (myAge == 12) {
  alert("Only one more year until I'm a teen");
}
```

IF语句中应使用双等号

在需要使用if语句时，你要用双等号来检查两项是否相等，因为单等号是用来设定变量的。在左边的例子中，我们并不是要检查我的年龄是否为12岁，而是把我的年龄设置成了12岁！

错误代码

```
pizzaSlicesEaten = 0
do{
  self.eat("pissaSlice");

}while(pizzaSlicesEaten<3)
```

正确代码

```
pizzaSlicesEaten = 0
do{
  self.eat("pissaSlice");
  pizzaSlicesEaten=pizzaSlicesEaten+1;
}while(pizzaSlicesEaten<3)
```

无限循环

这个循环语句的意思是，在变量吃披萨片数小于3的时候我们就继续吃。但是左边的代码会把我们困在无限循环里，因为每次循环都忘记增加变量吃披萨片数的值了，这样我们就要永远吃披萨啦！

这里有一些有用的策略供你使用，不过你首先要找到这个错误。在你想检查程序中是否存在错误时，那就运行你的程序吧。如果存在问题，通常你使用的编程语言会发出一条错误信息，提示错误所在。

下一步是确定错误的类别：是语法错误还是逻辑错误。如果你的代码没有按照你预想的方式运行，那就是逻辑错误。如果是因为输入了错误的代码无法运行，那就是语法错误。如果你收到错误信息，它会告诉你重要线索，但你必须能看懂错误信息的意思。

你永远都可以发声求助。我推荐你遵循这个小小的“寻求帮助”指南。

请谁提供帮助？何时需要帮助？

首先，你美丽的大脑。

是的，从问自己开始吧，看看你是否能独立解决问题。一些错误信息已经给出了解答，或许你只要回顾信息指出的那一行代码，就能够直接发现问题出在哪里。

如果这样没有用，那就进行下一步……

其次，因特网。

啊……因特网，那个由搜索引擎、留言板、科技博客和指南视频组成的奇妙世界，那里一定有解决的办法。尝试在线搜索一下你的错误信息，看看能不能找到能帮你解决问题的答案。你也可以在程序语言的**文档编制**（Documentation）里搜索错误信息——文档编制基本上是由指令手册、技术细节和该语言的用户指南组成的，通常在编程语言的主页上可以找到此类信息的链接。

再次，你的朋友。

还是有问题？问问朋友吧，最好是你曾经合作过的或者工作领域和你

相近的朋友。有可能你的朋友遇到过相同的问题，并且已经找到了解决方案。我相信他会非常乐意分享这个解决方案的——朋友的意义正在于此嘛！

最后，你的老师或导师。

最后但同样重要的是，你也可以向你的老师或导师求助。你的导师可以是懂编程的哥哥姐姐、朋友或邻居。或者你也可以通过编程女孩组织联系到一个老师。老师——尤其是教你编程的那些老师——不仅是各种信息的绝佳来源，他们还乐于帮助学生们克服困难（设身处地想想看吧）。

但是，我们为什么要用这个顺序解决问题？如果老师知道答案的话，为什么不直接先去问老师呢？

这么说吧，快进二十年，你拥有了一份曾经梦寐以求的工作（可能还是科技领域），收到了一项超赞的新任务：协助顶头上司完成一个大项目。你在工作报告中遇到了一些无法理解的事物，你打算每次遇到问题的时候就给上司发邮件吗？还是先试着自己搜索一下来解决问题，然后再和工作伙伴讨论呢？

我猜我还是愿意自己先试着做一下，这样上司就了解我的能力了，而且这也是我责任范围内的事。

如果你有什么不明白的，寻求帮助永远都比遮遮掩掩要好。不过，建立自信也是很重要的事。通过学习独立解决问题，你会对自己的领域更加擅长，更好地承担起自己的工作职责，而且，每一次独立走出令人头大的困境，都是在为你的自信添砖加瓦。

由此也引出了我们的下一项调试策略。

橡皮鸭方法

碰上了一个棘手的问题？试试橡皮鸭方法吧：对着随便哪个愿意听的人讲述问题——你的朋友、你的母亲、你朋友的母亲、邮差，或者在这些人都缺席的时候，对着你桌子上摆着的橡皮鸭讲出来。你的听众也许并不能为你提供什么有用的建议——他们的反应其实也并不重要，但是通过大声地解释问题，有时你可以发现之前被忽略的答案。就像画家在落下下一笔之前，经常会退后从整体观察他们的画作一样，讲述你的问题能够让你从细节中抽出身来，从更高的层次观察问题，这就有望发现可行的解决之道。

错误侦探

这种方法需要用到你的食指、一支笔、一些纸张和一种老派而得力的侦探工作方式。从代码最开头开始，用你的手指一行一行地划过去，在阅读过程中寻找语法错误。在纸上列出使用过的变量名称，追踪它们在程序字里行间的变化过程，确保变量是正确的和一致的。在纸上记录它们的“行踪”，把它们和你的线框图还有应用程序流程图做对比，研究一下自己的逻辑是否存在问题，或者哪里出现了考虑不周。

输出函数

编程语言通常有一个内置的函数，叫作输出什么。无论你使用的是何种语言，永远都可以查看一下编程语言的文件编制，或者快速搜索一下，找到这个输出函数（或任意一个给定的函数）的名称，这个函数可以用来显示代码中的变量在不同时刻的取值。每写五到十行，就运行一下这个函数，检查这些代码是否运行无误。输出信息显示某些 if 语句的值为真可能会对你有些帮助。这个方法基本上可以找到代码中的问题所在，它是通过分批检测将问题分离出来的一种方法。

集成开发环境（Integrated Development Environment，IDE）

集成开发环境是一种可以帮你编写代码的软件，其最基础的构成是一个文本编辑器（Text Editor），其中一体化地包含着你编写代码的窗口、使用的编译器，以及它自带的代码调试系统。集成开发环境的用途十分广泛，许多种集成开发环境都能自动识别语法错误，在你编写时就将错误高亮显示出来。这样一来，你就可以马上发觉自己是不是犯了个简单的拼写错误，而免去了从头开始检查代码之苦。这种软件通常还有自动补齐或者建立函数的功能，它可以让你的代码编写之路走起来更加快速，并且可以减少偶然的拼写错误和其他失误发生的几率。

稍作休息

有时你觉得真是无计可施了，那就出去走一走。吃点东西，或者不管不顾地睡一大觉，这些都有可能带来巨大的助益。乍一看似乎我们没有在积极主动地解决问题，但实际上我们的大脑仍然在对谜团进行排列组合以寻求解决方案。其实，好好休息、吃一些健康而有营养的食物、与家人朋友共度时光、锻炼身体和呼吸新鲜空气，这些都是解决所有问题的关键所在，因为这是进行清晰思考的必备元素，而清晰地思考能够帮助你预见并避免问题的发生。

最后，但同样重要，解决所有问题都会用到的最重要的策略之一是……

拥抱不完美

作为女性，我们的耳旁充斥着各种各样自相矛盾的信息，这些信息告诉我们能做什么，不能做什么，告诉我们应该做个好女孩、待人和气、遵守规则、态度友好、心地善良、乐于助人，也就是说要保持完美！好吧，我以一个成年职业女性与母亲的身份来告诉你：没有人是完美的。我要再说一遍，以防万一你们没有听进去——我需要一些帮助……

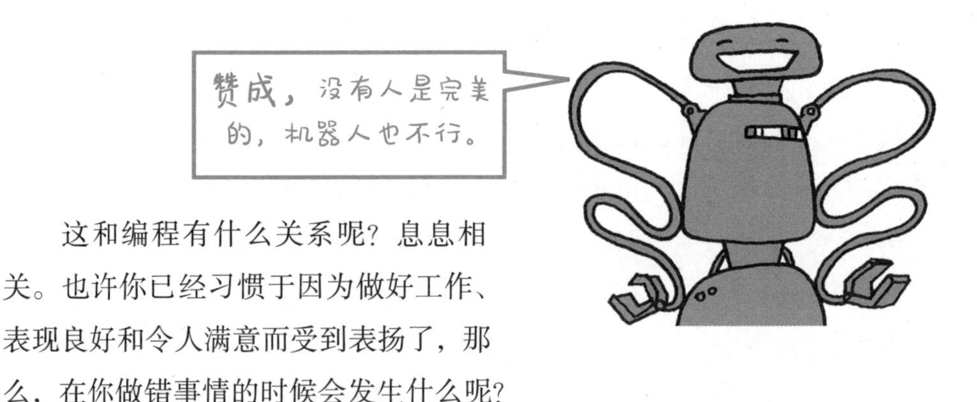

这和编程有什么关系呢？息息相关。也许你已经习惯于因为做好工作、表现良好和令人满意而受到表扬了，那么，在你做错事情的时候会发生什么呢？或者说，你就像世界上其他人那样，在学习新事物时（或者是像他们在不学习新事物时那样）犯了差错会发生什么呢？

女性（男性也一样）常常对自己非常苛刻。我们生自己的气，沮丧至极，我们甚至责骂自己，或者产生这样的想法：*真是太笨了，我不敢相信我居然这样，我到底怎么了？*你永远也不会对自己最好的朋友、老师或者父母说这种话，那为什么要如此对待自己呢？如果你想在任何领域取得成功——进行一项运动、掌握一种乐器、学习一门语言、进行一科考试、制造一个机器人——不要试图达到完美，而要有勇气。

试一试吧！你的每一次错误，都是学会正确做事的契机。

不过最重要的是，对自己*好一点*，原谅自己的错误，告诉自己你*能行*，你会想出办法的，不完美也*没关系*。然后再回到能够切实为你带来提高的点上来：耐心而持之以恒地*练习*。

你能做到的。我敢打赌，在你内心深处有一个你知道自己能行。就让那一个你来主导你内心的声音吧。

还有，你要记住：专注当下、不断学习、放手尝试——这就是成为一名编程女孩的全部意义所在。

尝试新事物的回报并不只是它的最终产出——还有当你开动你美丽的大脑、凭借着勇气和上天赋予的清晰思维解决问题时，所产生的真切体会。

所以，你准备好用代码构建自己令人惊叹的发明了吗？让我们从时下流行的开始吧，比如你在网上、手机上或游戏系统上进行的娱乐……你猜怎么着？现在你可以自己做出来啦！

注释：

[1] Debug俗称“捉虫”，这个词的前缀“de-”表示否定或相反（朗文当代高级英语词典），或除掉、去掉、取消的意思（牛津词典），而“bug”在英语中有“臭虫，小虫”的含义，连在一起就是“捉虫”的意思。

电子游戏

希望现在你的脑海中关于新项目的想法已经多得快溢出来了。那么，让我们来讨论一下我们的选择吧，我们应该做个什么呢？

无论是抓捕动物、粉碎糖果、赛车、搭砌积木、解出谜题、找寻宝藏，还是积分晋级，电子游戏无疑是代码能够创造出的最受欢迎的事物之一了。游戏也是很好地讲述故事并且对玩家进行教育的一种方式。电子游戏对你们来说是完美的入门编程项目，因为它在开始时只需要从一个简单的概念出发，然后在编程技巧日渐熟练的过程中再继续往游戏中添加细节。

我们怎么知道自己要做哪一种游戏呢？有太多种了！

是的！游戏类型（Genre）就是基于游戏方式区别开来的不同游戏种类，这里列出几种……

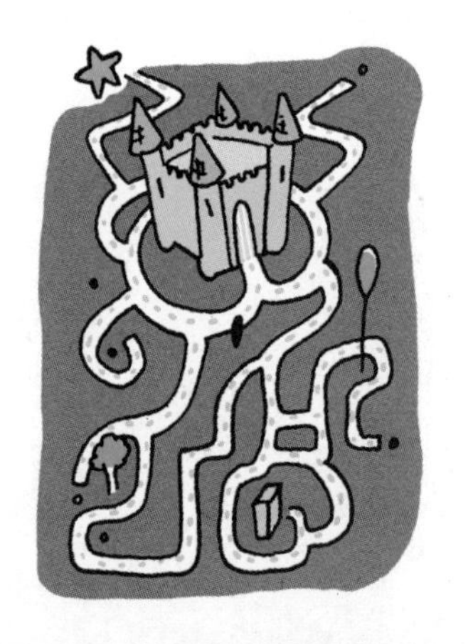

探险与角色扮演

解谜

动作/射击

模拟

驾驶/竞速

策略

游戏有不同的类型，不仅如此，你还可以创建出服务于不同目的的游戏。有些游戏只是提供乐趣，有些游戏则是为了教你知识或者帮你练习技能，比如儿童的认字游戏、数学游戏、解谜或者解决问题游戏，还有些游戏有助于提高人们对某一事物的认识，或者与电影、角色或品牌的关系十分密切。

电子游戏能够将你计算机编程（Computer Programming）以外的爱好尽数调动起来。你是个优秀的作家吗？探险与角色扮演游戏需要设计精彩的故事，包含角色、脚本和对话。喜欢数独、交叉字谜或者数字和图形吗？解谜游戏是将设计、解决问题和编码结合在一起的一种完美方式。你是否对地图、风景和不同的环境感兴趣？模拟游戏囊括以上所有元素。

我从来都没意识到电子游戏原来还涉及这么多的领域。这样的话，想要知道从哪里开始就更难了！

让我们的几位编程女孩谈一谈她们做出的游戏吧，看看我们能不能从中得到一些关于电子游戏开发（Video Game Development）的启发。

职业装扮游戏

来自纽约编程女孩组织的格洛瑞·K（Glory K）、扎哈拉·L（Zahraa L）、玛利亚·M（Maria M）和南妮·N（Nany N）创建了这个游戏，这是她们的结业项目。这是一个装扮游戏，针对的是五到十二岁的女孩们，主题是展现各种肤色、发型与体型的美。在游戏中你可以选择发型、体型、肤色和职业，然后游戏会告诉你所选领域职业女性的趣闻轶事。

和我们说说这个游戏的灵感你是从哪里得来的吧。

格洛瑞：在编程女孩组织中我们几个是一组，我想做一些和女性力量相关的东西，玛利亚和扎哈拉也表示同意。我觉得想到做这个职业装扮游戏的人是玛利亚。

为什么选择装扮类游戏？

玛利亚：在我小的时候，我非常喜欢玩网上的各种各样的装扮游戏，但是那些看上去都不像真人，所以我们的灵感来源就在这里：展示各种各样的种族与风格。

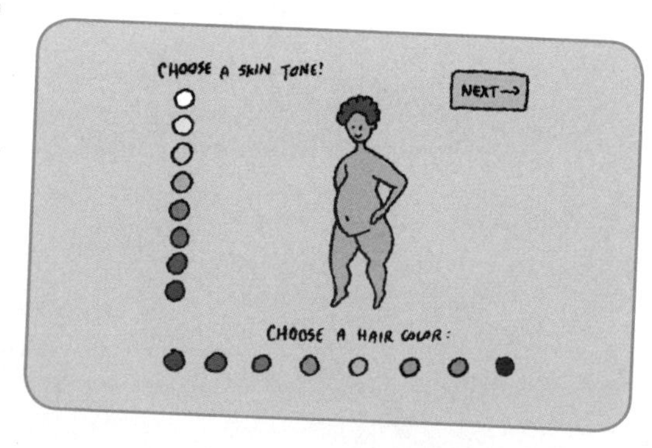

扎哈拉：我是个黑人，在我成长的过程中，我感觉许多装扮游戏都是

这样：就算游戏中有一个黑人女孩，也只是显示棕色皮肤——没有更深或者更浅的其他颜色的了，而且，通常情况下她的头发也太直了，看起来和我的一点也不像。我是一头卷发，因为在成长过程中很少见到这个类型，所以我不觉得自己的卷发好看。所以，我想把自然的发型都包含在游戏里，让女孩们知道并不一定只有直发才是美丽的。

告诉我们你们为什么要把职业选项也作为游戏的一部分吧。

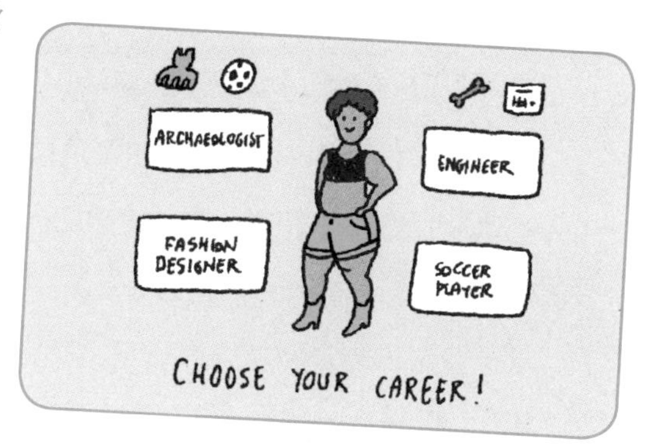

玛利亚：我们想让游戏不仅关系外表，还关乎能成为什么样的人，以及想成为什么样的人。

格洛瑞：我们不想和别的装扮游戏一样，比如已有的摇滚明星装扮游戏或者公主装扮游戏，我们希望能有很多不同的选择，告诉大家无论你选什么都可以很好看，并且无论你进入什么领域，你都能大获成功。

给我们讲讲游戏的创建过程吧。你们用了哪一种语言，又是从何处入手的呢？

扎哈拉：我们先设计了伪代码，还在黑板上写了出来，但我们没有马上开始编程——只是进行讨论，努力搞清楚我们要用哪一种编程语言。

玛利亚：我们用了 JavaScript 和一点点 HTML，因为最终成果是个网站。

格洛瑞：南妮也是个插画家，所有的画都是她画的。

所以这不仅仅是计算机编程，还有艺术元素。把这二者这样协调起来是个怎样的过程呢？

玛利亚：因为所有的画都要由南妮来完成，所以我们把自己的想法都告诉了她，她把它们融合在一起，再加上她自己的画风，结果非常棒。

格洛瑞：代码都是我们一起编写出来的，所以过程绝对是非常的协调。我们一边编程一边说话的时候，会一起听音乐。

扎哈拉：真的非常有趣。

玛利亚：我觉得基本每一行代码都是大家一起完成的。我们的电脑彼此挨着，我会说“如果在这里试试这个元素呢？”或者不管问个什么，格洛瑞就会说“是个好主意，在这里试一下吧。”

这个项目最困难的部分在哪里？

玛利亚：改换发色和肤色真的蛮费劲，所以南妮把每一种颜色的都单独画了出来，我们在代码中给每一种发色和肤色彩图都预留了空间，这样我们就不用再改编代码了——每一种都已经设计好了。

这个项目最满意的部分是哪里？

格洛瑞：我们对能够帮助女孩得到自主权并且提高她们的自我评价充满热情，开始的时候真是兴奋难耐，尤其因为我们三个人是最好的朋友，所以这个过程非常愉快。

玛利亚：从草稿到成品的感觉实在是太棒了，这个过程相当有趣。在加入编程女孩组织之前，我对计算机科学一点也不了解。从一无所知到看见自己的灵感如此有效而成功地构建起来，并且做出了自己非常非常引以为傲的成果……简直令人难以置信。

扎哈拉：之前我从来没有写过代码，更不用说运行代码了——噢天啊，这真是太惊人了！当我们试玩游戏，并且发现它运行良好的时候，我相当确定我真的哭出来了。我学会了编程，也找到了最好的朋友。

所以你们怎么看？

她们把这款游戏变成了提醒女孩们的一种方式，让她们知道了变美的办法多种多样，能够一展所长的工作领域也很多，我太喜欢这样了。

我也是，而且我从这个游戏中得到一个灵感。我喜欢动物，关注了许多致力于保护濒危动物的组织。游戏将是激发其他人兴趣的好方法。啊哈！

是的，你可以从保护各类野生物种的栖息地入手，做个游戏出来，这样玩家就可以学到它们濒危的原因，以及自己可以在哪些方面提供帮助。

让我们将学过的启动项目的知识利用起来，做个计划吧。

我们要做的第一件事是什么？

搜索！我们应该在线搜索一下濒危的物种和它们的栖息地，然后就可以决定专攻哪一种了。
对，还可以看看是不是已经有其他和濒危物种相关的游戏上市了。
ENDANGERED
噢，我们可以建一个文件，把好看的动物照片都放进去。

我们要怎么才能把栖息地全都画出来啊？一定要和真实世界中的自然环境一模一样吗？

还有动物呢？实在是有点棘手。

黑犀牛
穿山甲
蓝鲸
我们也许可以做个简化版出来，附带上动物们的卡通图标。

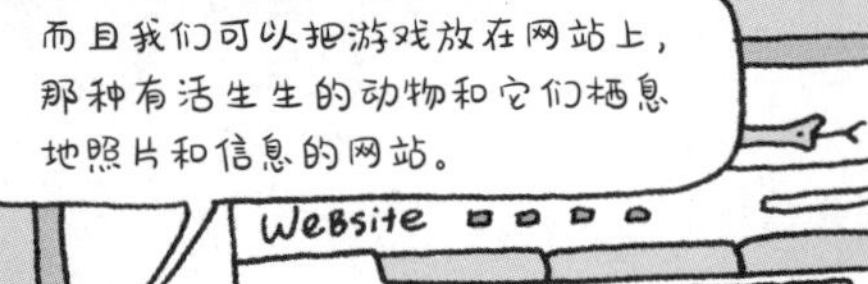
而且我们可以把游戏放在网站上，那种有活生生的动物和它们栖息地照片和信息的网站。

Website
FEATURED:
BLUE WHALE
ENDANGERED SPECIES GAME

想法不错。那么我们可以手绘游戏，网站大概可以用HTML。
① SCRATCH
② HTML

女孩们，你们开了个好头，下一步就是想出游戏中得分与扣分的规则。你们的循环语句、变量和条件语句打算怎么设计？

正如你们所说，要通过许多步骤才能开发出一款电子游戏来，不过，如果你时刻准备着抓住机会，就连最简单的游戏都能以出乎你意料的方式影响世界。这句话是电子游戏设计师切尔西·豪（Chelsea Howe）说的。

专业人士小贴士

电子游戏开发员
切尔西·豪

投身游戏领域是因为我从小就玩游戏，而且我非常喜欢这个创造世界、编写故事、设计人物再让其他人体验的过程。所以，当我知道制作电子游戏真的可以赚到钱的时候，我意识到这绝对就是我要从事一辈子的事业。

不过设计游戏的事业道路并非一马平川。切尔西必须要为自己创造机会，去追求她的热情。

我进入大学学习的语言专业，因为我崇拜的许多作家都在大学修习了文字和语言学。在我读大学期间，学校里有个游戏开发项目，但是只有两门课。于是我最后申请了不同的项目，这样我就可以围绕电子游戏开发来设计自己的专业课程安排了。

我遇到的教授非常好，他看出我醉心于科技与艺术的交叉领域，帮助我跨出了意义重大的一步。

一进职场，切尔西就得到了一个她从小就梦寐以求的可以制作游戏的机会。

我在大学期间制作了不少游戏，其中一款游戏与我签订了出版合同，所以，我刚毕业就和一个朋友一起建立了自己的公司。与此同时，我还是任天堂Wii（Nintendo Wii）的一名游戏制作人，当时这还是个新奇又时髦的职业。我制作的游戏叫乡村农场（*Farmville*），它是一款应用于社交网络的农场模拟游戏，当时，每天约有三千二百万人玩这个游戏。一个关于农场与培育动植物的游戏能够影响到这么多人，想到这里确实让人心中不能平静。我在成长过程中玩了大量的暴力游戏，而这个游戏则老少皆宜，位于世界各个角落的不同人群都可以从中得到乐趣，能为这样的事情贡献一份力量真是太棒了。

而且最终还证明，电子游戏远远不止提供乐趣这么一种用途，它们真的可以改变人生。

我曾参与了一款叫作 *SuperBetter* 的游戏的开发，它利用心理学和游戏元素帮助人们与他们真实生活中层出不穷的境况战斗。在研究游戏心理学时，我们发现了一个有趣的事实，就是在人们玩游戏的时候他们知道自己有赢的可能性，于是他们一遍又一遍地努力。在玩游戏的时候，人们的思维是这样的：我可以做得更好，我可以练习，我知道我能赢，因此，我们会非常非常努力地去尝试。我们可以利用这种心理建立起人们面对真实生活的态度，将“如果我一直努力就一定能够克服困难”的思维应用到生活境况中。

那么，计划要做的下一件事是什么呢？

我来给你点提示吧。编程不仅是妙趣横生的游戏制作过程，还可以是一件艺术品、一本人物活灵活现的漫画书，以及一项将微笑化作歌声的技术实现。

动画
摄影
时尚
音乐

数字艺术与设计

如果在计算机科学以外你还有别的兴趣爱好，那么编程可以非常自如地将你已经在进行的活动作为基础。女孩们，你们打算怎样将编程用到自己热爱的事情上呢？

我想知道艺术项目要怎样与编程结合。我已经在使用 Photoshop 和 Illustrator 了，但是你能够编码艺术吗？

完全可以！在视觉艺术、设计、时尚、音乐、表演、摄影、视频与动画的世界里，有许多令人惊叹的事情正在发生，这些全都是通过编程来实现的。毕竟每一种艺术都需要用到一些原材料——无论画作还是黏土雕塑，无论乐器还是人声，无论动作还是语言——来创造全新的事物。编程只是你能用上的另一种原材料罢了，它是一种用于发明创造的工具，用处无穷无尽。

不过，不要只听我的观点，我会让来自旧金山的编程女孩特兰·P（Tran P）解释一下，她和她的队友桑德拉·V（Sandra V）、安琪拉·K（Angela K）还有丽丽·Y（Lily Y）是怎样将一组 LED 灯变成随音乐同步闪烁的交互式显示器的。LED It Glow 可以将音乐化为光线，这对于聚会或者舞会来说堪称完美。用特兰的话来说，“如果音乐是有声的感情……那这个 LED 光立方就是有形的音乐。”

LED It Glow

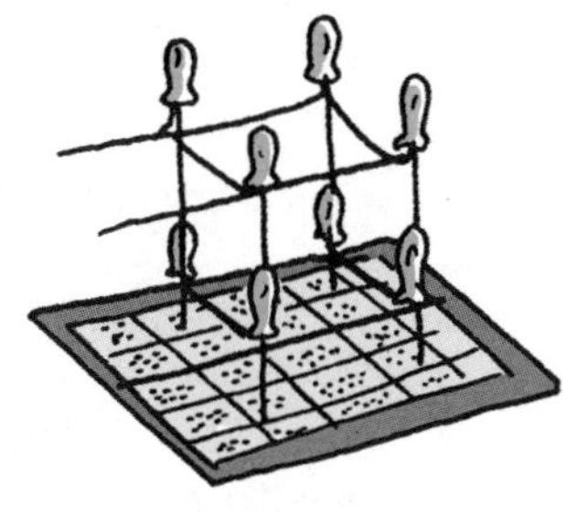

和我们讲讲 LED It Glow 的灵感来源吧。

特兰：我们的小组是随机组建的。在大家开口聊天的时候，我们发现音乐、视觉艺术和设计是大家共同的爱好。

我们讨论了学校舞会的射灯，它们都是老式的迪斯科灯球和闪光灯，如果能造出一些更好的东西来，岂不美哉？所以我们想到可以自己动手，从头开始制作我们自己的立方体射灯，让灯光能够随着音乐的节拍而起伏。

哇，这个项目相当与众不同。你们是从哪里入手的？

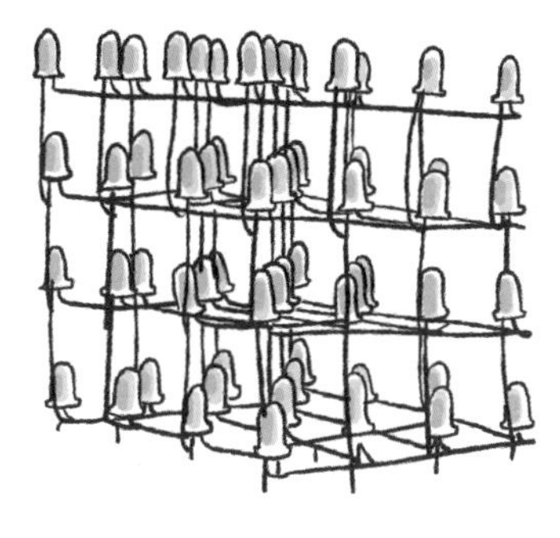

我们在线搜索了其他的 LED 项目，发现了一些特别有用的指导，但是那些主要是用于 8×8×8 英寸（约 8 立方分米）的 LED 光立方的。我们只有一周的时间来完成这个项目，所以就决定做一个 4×4×4 英寸的。我们用了一个 Arduino 板，在 Processing 环境下进行编程。

你们需要的那些材料，比如灯和硬件，都是从哪里来的？

编程女孩社区就有 Arduino 板和 LED 灯，所以我们只要把它们组合起来就好。连接电路使用了电烙铁和导线。我们需要把每根线弯成一个形状，一个接一个地焊接好，然后测试一下每个灯头是否能够点亮，再测试每一行。

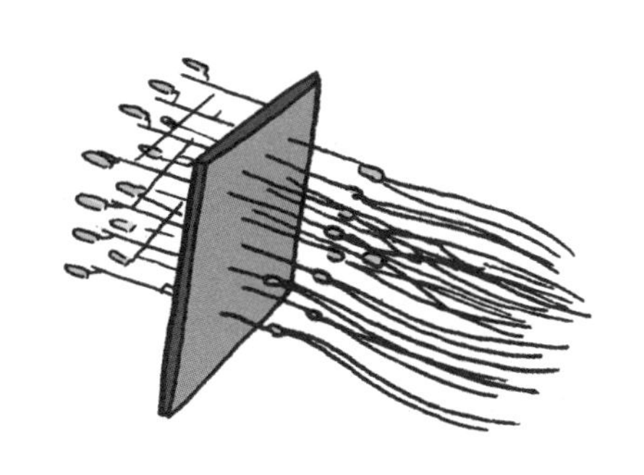

在这个项目的编程过程中，你们感觉如何？

绝大部分硬件工作是我做的，我的组员完成了编程部分。她们首先搜索了不同歌曲每分钟的节拍。然后，我们按照那些节拍的模式编写程序。我们建立了一个音乐文件程序，来检测一首歌曲的节拍及打击乐器的乐句，一旦这个程序检测到上述节奏，它就会按照匹配的模式闪光。

这个项目最有趣的部分是什么？

最有趣的部分是把灯连在 Arduino 板上和焊接的过程。有时候 LED 灯会坏掉，你把手伸进去换灯泡的时候真的要非常小心。但是，我们在组装板子还有用电烙铁干活的时候非常有满足感。这是一种全新的体验，它是那种你在学到了东西的时候才会有的成就感。

你的项目的确展示出了编程是怎样真正成为一种艺术表达形式的。

我画过许多画，所以进行这样一个视觉成分居高的项目，我感到非常有趣。我也对虚拟现实和它在视觉艺术方面的潜力特别感兴趣。只要是对艺术有兴趣或者有设计背景的人，我都建议他去试试编程。要保持学习的心态，因为你能做的事情太多了，你可以发现怎样将编程和你热爱的事情联系起来。

将编程应用于艺术、设计与音乐方面有无限的可能性，LED It Glow 只是其中之一。在开始头脑风暴之前，让我们先看一看艺术家还有哪些利用代码的方式。

视觉艺术

从动画、电影和摄影领域的改革，到 3D 虚拟现实景观，再到内置触控程序的交互展示作品，艺术与编程的联系越来越紧密。其中，最前沿的部分就是渐渐兴起的生成艺术（Generative Art）领域。在这种艺术形式的创作过程中，电脑通过算法生成艺术家头脑中想象的场景。艺术家并不会插手一幅图画的形状、风格或者颜色，而会创造一种算法，让计算机来决定这些细节。

编程还可以赋予静态的艺术作品以生命。艺术家正着手创作用手机摄像头扫过时会活动起来的漫画书和画作。动作捕捉技术、高端扫描及 3D 建模可以帮助艺术家创作出细节极其丰富、动作毫无滞涩感的世界，并将它们用在故事片和短视频当中。

数据可视化也是编程非常热门的一个分支。艺术家们用形状与颜色为数据配图，帮助我们更好地理解信息。

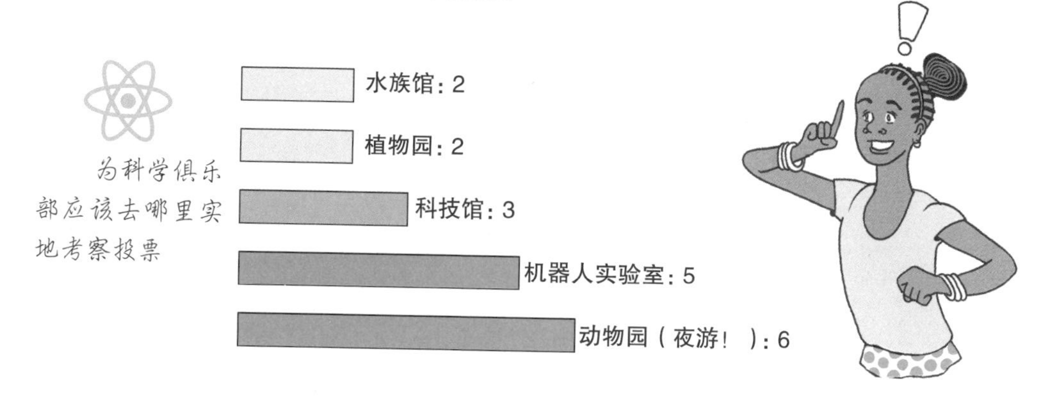

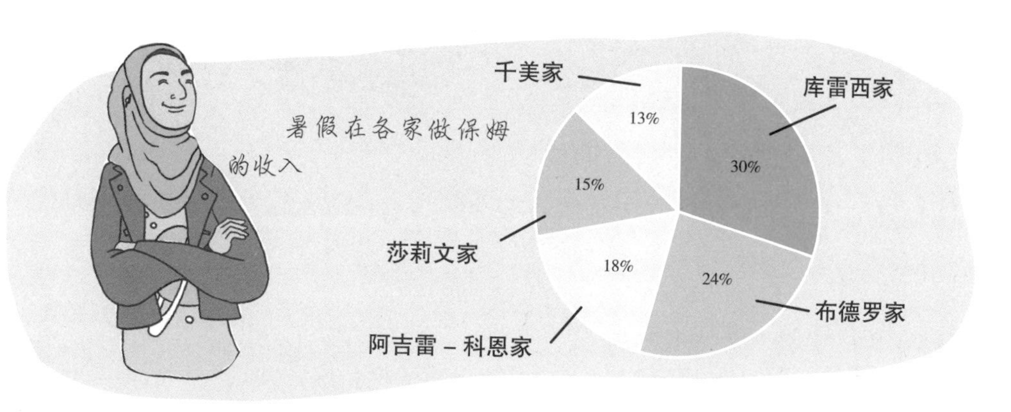

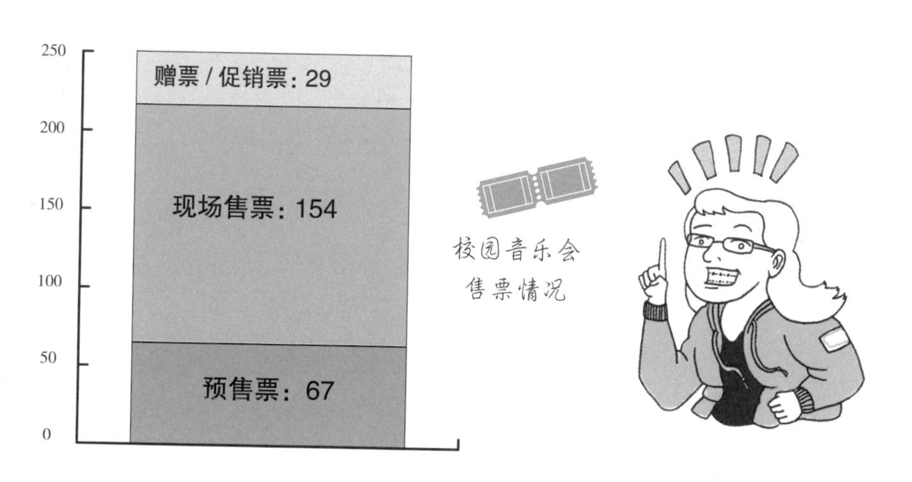

设计/时尚

智能服装与配饰是时尚领域的一个重要组成部分，它们综合考虑了功能与风格。眼镜、珠宝和衣服上可以内置能够发出你所在地点的处理器，以保证你的安全。能够追踪你心率和步伐的运动服饰，可以帮助你保持身体的健康。一块时尚的手表或者一副眼镜，就可以为你提供许多在手机上才有的功能。甚至还有自带LED灯的裙子，它能让你成为所有聚会的焦点！所有这些设计都要依赖代码来完成。

3D打印的发展也为设计界打开了一扇新的大门。在3D打印的过程中，打印机喷吐出柔性材料的细丝，形成超级薄的材料层，并且一层层地累积起来。这些材料层组合出一个形状，在硬化后最终成型。常用的打印材料是塑料，不过好时公司的工程师们可是用巧克力造出了一些精美出色的雕塑！设计师能够通过3D打印创造出精心设计的轻质物体，将虚拟的代码化为实体。

音乐

作曲和编程之间的区别没有那么大，它们都依赖算法。音符是记录声音的代码，难怪会有一个音乐分支致力于探索如何进行算法作曲

（Algorithmic Composition）。这和生成艺术有些相似，电脑通过算法创作出音乐而不需要人类作曲家的劳动。书上的词语、面部特征和地图上的点，都是可能被程序员用到这些算法里的数据来源。现在，你可以将一部伟大的小说变成一首歌，或者为自己的微笑谱一曲交响乐。你还可以买一套专属的硬件包，把任何物体都变成一种电子音乐乐器。谁知道呢，也许你能让果冻唱起歌来。

是的，这些你都可以做到。所以，我们最好把范围缩小一些，再做出一个计划来。

我想先把我的拼贴画动画化。
噢，你打算怎么做？
Maya's Style
我通常从杂志和广告上剪下图案，再贴在纸上。
LEAP OFF!
有时我会加上图案再自己上色，或者直接画在原画上。
听起来好像很有意思。但是，我们要怎么把这个变成代码呢？
你可以把已经完成的拼贴画扫进电脑里。
然后用Photoshop将不同的部分分割开来。
是的，然后你还可以把这些图像放在网站上，为每个部分起一个名字，就像变量那样。
然后你就能编写代码，让这些独立的部分动起来，或者当你把鼠标光标放在上面的时候它们的颜色会改变。
COLLAGES
CONTACT
PROJECTS
这应该行得通！我觉得我们可以在Processing环境下编写代码，或者用JavaScript做个网站。

非常棒的头脑风暴！你们找到了非常可靠的办法，开了个好头。下一步就是思考一下你想让这些部分如何移动，以及需要的条件，然后开始用伪代码把想法写出来。

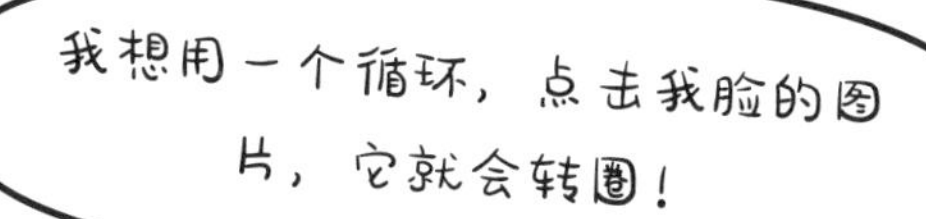

我想用一个循环，点击我脸的图片，它就会转圈！

```
if face_picture is clicked:
    rotate face_picture 360 degrees
```

我的同事有一张狗狗的图片，我想把它放大、再放大！

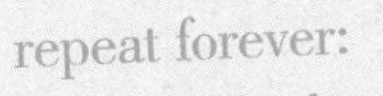

```
repeat forever:
    increase the width of the puppy_picture by 5px
    increase the height of the puppy_picture by 5px
```

就像所有的艺术那样，让你的代码运转起来需要实验，还有大量的试错工作。但是，就算事情不尽如人意，你还是可以做出令人惊叹的成果的，来问一问丹妮尔·费恩伯格（Danielle Feinberg）吧。

专业人士小贴士

皮克斯灯光摄影总监
丹妮尔·费恩伯格

《海底总动员》《虫虫特工队》《怪兽电力公司》《瓦力》《勇敢传说》——这些你喜欢的动画电影里都有丹妮尔·费恩伯格贡献的编程知识。她的工作是令人惊叹的艺术与程序的混合体。以下是她关于自己的事业如何起步、工作中最爱的部分，以及如何从失误中汲取灵感的讲述！

我的职位是灯光摄影总监，指导电影的光影效果。我们在计算机里构建出一个三维的世界，用一些图标来代表光照，而我可以调整这些图标的位置。所以，如果是在日落的场景下，我会增加一个表示太阳的光照，放在地平线附近，并调成橘红色，让美丽的蓝紫色光线盈满天空。我还可以控制阴影、颜色、气氛及光线的性质。

丹妮尔工作中的方方面面都要用到编程。

我们用来安排光照的软件，其代码行数以百万计。有时候我们也会写一写自己的小程序，让日常生活方便一些，或者用代码创造出一种新的光照。在《海底总动员》里，我在大家一起创造的一种新光照中做出了一些贡献，这种新光照的名字叫作“暗光”，模拟的是光线在水中的效果。

丹妮尔对于编程与艺术的热爱可以追溯到她的童年时期，她读小学四年级时就上了第一堂编程课。

我最初的编程体验是作图。这完全让我心醉神迷：写一段代码出来，就可以得到一幅画。

我的父母亲都很有艺术细胞。从我们很小的时候起，父母就带我们去上美术课，我的姐姐在大学时期学的也是美术。我们家的地下室有一张巨大的桌子，我想要的一切绘画工具都能在上面找到。我和我的姐姐会跑下去，在那里画上好几个小时，沉醉于艺术创作之中。

对于丹妮尔来说，编程和艺术创作区别并不大。

编写代码是一个富有创造性的过程。你的工具箱里装满了指令（不管你用的什么语言），我特别喜欢这样。要实现的确切目标只有一个，你把这个目标拆分成若干个细小的部分，但是可以运用的指令是有限的，所以寻找答案的过程很有创造性，“我要怎么用这个工具箱达到那个目的？”

即使你的想法和代码并不完全符合计划，你仍然可以由此获得充满创意的灵感或者艺术家口中所称的“意外之喜”。

在编程过程中，绝大部分意外都不怎么有“喜”感。在很早之前制作《勇敢传说》的时候，我曾尝试通过添加雾气与光线来创造一种森林景观，但是因为我的代码中有个疏漏，所以电脑完全没有展现出光线的效果，呈现给我的只有雾气和黑黝黝的场景。但是这一幕反而显出森林的幽深，植物冷色调的剪影也凸显了出来。太美了，如果电脑没有把代码弄得一团糟，就无法创造出这幅画面，我也就永远没有机会看到这些。所以，要以开放的心态接受不期而至的灵感，这一点很重要。

对机遇和灵感保持开放的心态，是成为一名成功程序员的必备条件。但光有这个还不够，对其他人的意见同样保持开放，才能够给一个项目赋予改变人生的力量。

机器人

我们已经学习了游戏、艺术与设计了，那么接下来你想讨论哪一方面的编程呢？

噢噢噢，我想说一说机器人！我对机器人学（Robotics）有点着迷，尤其是在深空探测方面，比如火星探测器！
AHA!

我不能保证在这一章结束后我们能够造出下一个火星探测器来，不过，现在在机器人方面你能够开展的有用的编程项目也不计其数。

这些令人惊叹的机器几百年来一直激发着人类的想象力。当我们谈到机器人的时候，大多数人可能会想到一个类人形的机器人，就像从《星球大战》里走出来的一样—— 一个能够思考、感知、回应并且行动的机械化人类。但是机器人的形状与尺寸范围远不止于此，它们的功能也非常广泛。每个机器人都要靠代码来操纵。

所以现在都有哪几种机器人呢？
它们都能做什么？

机器人在很多方面都是人类的好帮手，如机器人可以用于制造业与农业方面。有些工作非常辛苦、非常危险，或者总在单调地重复，以至于没有人想做，那么这时，这些机器人就能大显身手了。

还有些机器人是基于医疗健康的目的而被开发的，比如从帮助医生完成精确手术的机械手术工具，到跟着护士满医院转的药物分配器。工程师也在研究开发机器人医生，这样人类医生就可以通过屏幕和传感器与患者进行交流，为偏远地区的患者提供治疗了。

机械义肢、修补术和辅助设备改变了残疾人与慢性病患者的生活，让他们能够重新控制已经缺失、损坏或者功能减退的肢体。

还有纳米机器人，尽管它们目前还只存在于科幻小说里，但科学家和工程师们都在勤奋工作，以使这些微型机器人早日成为现实。纳米机器人

纳米机器人（放大了2500万倍！）

会被设计得像一粒沙子那么大。我们希望有一天，这些微型机器人能够进入人体内部，对疾病进行诊断，并且无须侵入性手术即可完成对疾病的治疗。工程师们也在研究如何对纳米机器人进行编程，让它们能够像蜂群那样——非常像小昆虫——合作着完成项目或者在人类难以触及的环境下进行修补。

潜水机器人！

无人机和远程操控机器人可以用来探索环境严酷而危险的地带——这对军方及执法人员大有帮助，也有助于交战地带及自然灾害发生地区的搜索与施救工作。

科学家也使用类似的机器人探索过于遥远的地区或者不适合人类生存的极端环境。这些机器人爬过极地冰盖、探索太阳系的外围、潜入海洋的最深处，它们收集到的数据与传回来的图片可以让我们以一个全新的视角看待宇宙。

不过这些惊艳的事情都是由超级先进的大型机器人完成的，想要制作一个日常生活中用得上的机器人要从哪里入手呢？

想想你每天都要做的事情，机器人能够在哪些方面帮上忙呢？你也不用单从自己的角度思考问题，你的机器人也可以帮助其他人。让我们听一下来自编程女孩组织的安珀·S（Amber S）、艾米丽·D（Emily D）、伊达丽斯·D（Idaliz D）和亚南沙列·S（Yananshalie S）怎么说，这四个女孩的项目就是基于这个目的建立的。

Seeing Eye Bot

你们是如何想到要发明 Seeing Eye Bot 的呢？

安珀：在编程女孩组织的学习过程中，我们制作过一个会跳舞的机器人，它真的很有意思，所以在我们自己选择项目的时候，我们就想做一些和机器人有关的事情。但是我们不想让它除了跳舞一无所长，我们还希望它能够帮助别人。

讲一讲它的工作原理吧。

亚南沙列：它是一种机身能够移动并带有红外传感器的小型机器人，可以扫描和检测前方的物体，然后计算出一条安全的路线，最后绕过障碍物行进。我们给它编写的程序可以让它在接近障碍物时发出不同的声音，这样使用者就可以知道障碍物的位置了。

你们的机器人运转顺利吗？

亚南沙列：是的，我们的工作让它能进行一些基础的操作。它可以探测、观察、停止和转圈。我们用箱子搭建了一个迷宫，机器人可以在其中成功通行。

你们从这个项目中学到了什么？

安珀：有个很大的问题就是到底要装多少个传

感器。下一次我们会增加更多的传感器，现在的版本转弯幅度不够大，在通过台阶时的表现也不尽如人意。不过制作机器人有意思的一点就在于，你一边和它玩儿，一边真的能看到它是如何运作起来的。你可以一边构建一边调试，按实际情况编写程序，解决出现的问题。

这个项目中你们最喜欢的部分是？

亚南沙列：合作真的帮了大忙。这个项目组有四个女孩，这就意味着有四种不同的思考方式。每个人的强项和观点都不相同，我们彼此交流意见，在各方面互相帮助，这让事情变得容易起来。这个过程也非常有意思。

所以你怎么想？仍然想要做一个深空探测机器人，还是想做一些更贴近家用的东西？

这让我想到了我的小弟弟，他在上二年级，我想给他做一个作业帮手机器人。这个机器人可以测验他，能陪着他一起解决问题，同时还可以让他保持注意力集中。

这真是一个好想法。那么我们要怎么实施呢？

嗯……我知道你可以用Arduino板做出简单的机器人来，但是我真的不太确定该怎么让它开口说话。
我们要自己录制全部的语音吗？
或者我们可以找一个文字转语音程序，让它拥有可爱的机器人音色。
机器人：四乘二等于八。
是的，然后你需要弄清楚需要它说些什么话。
它是只要大声念乘法表就好呢，还是要先问他的答案，然后停一下再给出正确答案？
5×2=?
10!
10!
我们能让它听一听，然后告诉他对错吗？
这样真的好厉害。
42?
YES!
我们需要搜索！
让我们看一下网上有没有什么能够帮助我们的教程。
我要开始画机器人面部设计的草图啦。它一定要很可爱，否则他不会生着和它说话的，他会觉得无聊。
也许我们可以在眼部装上灯泡，在他回答正确或者机器人说话的时候就亮起来，这样就更吸引他的注意力了。和LED It Glow有点相似，不过并不是跟着音乐节拍闪灯，而是基于语言。

我们随意提问，让机器人回答！
从题库中随意抽取一道，存为变量
让机器人说出问题文本。

之后给机器人几秒钟时间，它
就能说出答案。
等五秒
让机器人说出问题答案。

你的小弟弟免不了会大吃一惊。这是专业机器人学家阿亚娜·霍华德（Ayanna Howard）的一句话：赋予你的机器人生命，由此带来的感受是无与伦比的。

专业人士小贴士

佐治亚理工学院的机器人学家和教授，阿亚娜·霍华德

在机器人方面，阿亚娜·霍华德可谓无所不知。她曾和NASA合作制作了进入太空的机器人。她的机器人探索了南极洲偏远寒冷的不毛之地。我们有幸能够询问她一些问题，看看她是如何对机器人产生兴趣的，机器人的定义是什么，以及从全新角度看待问题怎样给她的工作带来灵感。

我喜欢机器人，因为无论你的代码正确与否，你都能直截了当地得到反馈。如果你输入了错误的变量，你的机器人就会撞到墙上去。

无论你习惯的学习方式是哪一种，机器人学都能让你发挥所长。如果我是一个视觉学习者，我能够观察机器人的行动；如果我是一个触觉学习者，我可以触摸它，让它四处行走，给它编程。在计算机科学中总是存在这样的恐惧心理："如果做了程序员，我是不是得整天对着显示器啊？"实际上，研究机器人需要你起身和它互动。

阿亚娜是从为NASA研究机器人起步的，也是从这里，她意识到从用户的角度看待工作成果的价值。

我当时的工作是为未来的火星探测任务服务。尽管它们是太空机器人、用于危险地形的机器人，但我始终铭记在心的是我们需要这些机器人的首要理由：科学研究。我需要想科学家之所想，思考他们打算在这种地形下如何行进、

如何进行探索。然后就是我在佐治亚理工学院工作的时期，在那里我制作的机器人并不用于太空，我开始研究如何将机器人安置在极地环境与水下，这样科学家就能够理解冰盖融化的原因，理解全球变暖将带来的后果。我不仅和计算机科学家一同工作，还和气候学家、微生物学家一同工作。

从别人的经验中学习，这使她开始了现在正在进行的工作。

我对用于医疗保健的和针对残疾儿童设计的机器人充满热情。我是偶然接触到的。我开展了一些机器人夏令营活动，其中一个夏令营有一位有视觉缺陷的年轻女性，她无法使用我们所有的设施。但是她真的很聪明，克服了这个困难。我想："我从来都没有考虑过这一人群如何才能接触这个领域，并且拥有公平竞争的环境。"我开始在这方面进行研究，我先接触了有视觉缺陷的儿童，然后接触了有运动能力损伤的儿童。

无论在哪个项目中，阿亚娜都一直在努力提醒她的学生，她想让他们意识到，他们所掌握的编程技巧具有重要的意义。

编程不仅仅是屏幕上的 0 和 1，当你编写一段用于医院系统的代码时，其实你是在拯救生命；当你创建用于教育系统的程序时，你会影响到好几代的学生。你的力量会通过这些 0 和 1 影响和改变身边的每一件事。

看到你们这些女孩通过学习编程获得改变世界的能力，我真是太激动了。

还有一个更大的话题亟待讨论。这些代码在我们手中每天都通过上百万种不同的方式发挥着作用，实际上，你已经掌握了改善这些产品的钥匙，只是你自己还不知道这一点。

MAE JEMISON
Sally Ride
SUDO!
THAT'S SOME WEBSITE
Haha, Maya
Seriously, help me build a website
Yay!
Apps Attack!
DANGER: CODING IN
PROGRES
THOU SHALL NOT PASSWORD!
ELLO
WORLD
ROBOT
ROWBOAT
lol!
<id>
>_

网站、移动应用和网络安全

你发现编程中还有什么非常重要的领域没有被讨论到吗？

我来给你个提示：这是你们大多数人都拥有并且一直在使用的东西。实际上现在你们中有一些人就在用呢！

网站和移动应用？

回答正确！网站和移动应用的设计与开发是让你的编程技巧立刻生效的最好方式之一。你需要的只是一台电脑和一个想法，然后你就可以直接投入进去开始创作。青少年和吞世代[1]是移动应用和在线服务的巨大市场，作为一个群体，你们已经引领了潮流。你们的喜欢和分享不仅在很大程度上影响着哪款产品能够取得成功，而且你们还是向你们的父母传授技术的人。这就意味着你们拥有巨大的话语权，在你们的家里可以决定访问哪些网站，购买、使用和促推何种应用。作为一名内行的科技使用者，你们已经知道自己喜欢的产品类型了，所以现在你们可以着手把它们造得更好！

好了，女孩们，你们真是太棒了！这正是我们要阐明的：作为拥有技术能力的消费者，你们很清楚自己需要什么、想买什么。学会编程以后，你们可以不再仰赖其他人拨冗相助、为你们设计出称心如意的产品，你们自己就可以做到！

这里有一些在着手开发网站和应用时需要记住的事情。

网站

在建立网站时，有很多种开始的方式，你可以使用定制化模板，或者自己直接用代码编写。不管你选择哪种方式，最重要的思考点之一就是要考虑网站设计的用户体验。网站的目的是什么？它适用的人群有哪些？它需要提供给用户的信息或者服务是什么？这些基本的问题能够帮助你决定自己该使用何种编程语言，以及网站应该提供哪些功能。

你的用户会看短视频和照片集吗？如果他们使用手机浏览，这些又该以什么形式呈现？他们会订购商品或者发送个人信息吗？你要怎么确保这些信息的保密性呢？

在设计应用时，这些问题也很重要，而且还有一些其他的因素需要考虑。

移动应用

移动应用有几个不同的种类，弄清楚它们之间的区别非常重要，因为这会影响到你如何编程。

原生应用：这些是安装在移动设备上的，在设备的主屏幕上可以看到。你点击图标就能进入程序，你也可以通过应用商店安装新的程序。

移动网络应用：这些是看上去和用起来都像应用的网站，但它们实际上是用HTML编写的，通过浏览器运行。这些应用是通过网络获取的，你可以在网络上下载网站的移动版本。这些应用是有限制的，比如它们不能使用你手机上的一些硬件，如摄像机和内存。

苹果和安卓设备都有它们各自的编程语言。安卓设备使用的是Android App Inventor或Java，苹果设备使用的是Swift。至于你完成程序之后会如何分发这一点，很值得好好思考，这样你一开始就会知道该选择哪一种语言了。

你提到在设计网站时保护信息的隐秘性，我对这一点一直有个疑问，我们要怎么确保我们代码中所包含的信息和代码本身是安全的呢？

问得好。

网络安全和隐私

随着我们的生活与网络的联系越来越紧密，保护个人信息、财务信息甚至家庭温度调节器与防盗报警器免受恶意攻击变得越来越重要了。非常不幸，黑客、罪犯，甚至敌对的政府和政治团体都可以利用网络安全（Cyber Security）的漏洞窃取信息、金钱，或是关掉设备。

为了打击这种犯罪，计算机科学有一个正在发展的领域，专攻网络安全。这个领域在公司和客户的商业部门，以及政府部门、联邦机构，都有相关的操作。它的专业内容包括：

数据加密——建立密码和口令，确保信息的隐私性。

网络维护——与公司进行合作，确保他们的网络功能达到最新，没有病毒及恶意程序，并且没有错误操作。

网络安全测试与设计——攻击网络以测试其安全漏洞，然后设计出修补漏洞的解决方案。

数据加密和网络安全包含一些相当高级的编程技巧，不过就现阶段而言，你可以这样安排。在你开始设计自己的应用或者网站时，永远记得仔细思考你要从用户那里获得什么样的信息，以及你要怎样保证这些信息的安全。网络上也有很多资源教给你如何编程以确保你的代码与数据安全无虞。

我一直认为的网络安全是，我们在网上要注意保护自己的安全，不要把自己的家庭住址提供给陌生人，或者别点击会下载病毒的奇怪链接之类的。

这一点也包含在内。我敢肯定你身边的成年人已经告诉过你一些上网时需要运用到的常识——下面是一些小提示。

网络个人安全

也许你已经发现了，世界是复杂的，尤其对于年轻的女性来说。网络世界也是如此。网络上的人就和日常生活中的人一样，有人想要帮助别人、建立关系、交到朋友、组成团体，但是也有人隐藏起自己的真实身份，以便欺骗、偷窃、欺辱、发动语言攻击，有时甚至伤害弱者。数字世界让你拥有难以想象的自由，可以尽情地探索及建立关系，但是想要知道你在网上联系的实际上是什么人，比在现实世界中要困难许多。

留心，但不要害怕

你不用害怕上网，但是你一定要留心，尤其要注意个人信息。任何人要求和你见面，都应该愿意先见见你的家人或者监护人。在这期间，如果他们不愿意，这就是个危险信号，你应该告诉某个你信任的成年人。你走在街上，永远也不会钻进一个陌生人的车，对不对？所以，不要同意见面或者分享个人信息给网上的陌生人，无论这个人看上去多么友善。

编程女孩组织在西雅图的成员塞莱斯特·B（Celeste B）、朱丽叶·P（Julie P）、雅思敏·L（Yasmin L）和安妮·H（Annie H）不愿意在安全问题上手足无措，所以她们做了一个超赞的应用，叫作守护天使（Guardian Angel），这个应用可以助力年轻女性确保个人安全。

守护天使

你们的灵感从何而来？这个应用是用来做什么的呢？

朱丽叶：我们清楚自己想要做一些人们用得上的东西，这些东西能够实实在在改变他们的生活，而不只是纯粹的娱乐。所以，我们挑战自我，打算做一些每天都会用到的东西。

我们知道市场上已经有很多安全应用了，但我们不想做一个只能联系别人或者追踪定位

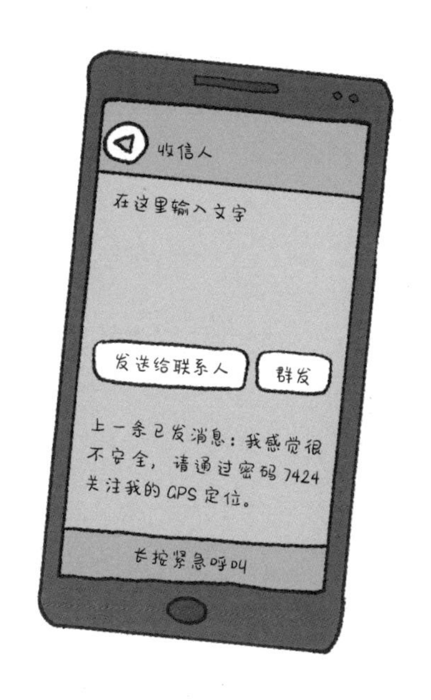

的应用，我们想做出一个一站式的安全资源。这就是我们对守护天使的前景展望。

这个应用是如何发挥作用的？我该如何使用？

塞莱斯特：如果你打开这个应用，你会看到开启安全模式的选项，它会开启你的定位。然后你还会看到紧急按钮的选项，开启它会给你的安全联系人发送一条带有定位的彩信，安全联系人是你在应用中预先设置好的联系人群组。应用有自己的数据库，一旦发出彩信，你的安全联系人还会获得一条如何到达你当前位置的路线。另一个功能是根据 Yelp 找到尚未关门歇业的店铺，这样你就可以在附近找到一个安全港，这个功能还会给出从当前位置到该店铺的路线。

朱丽叶：我们还有一个页面，它会给你关于保持安全和避免危险情况的提示。

我们希望这个程序能服务很多人，不过我们觉得这个程序对刚刚独立生活、在繁忙的都市尚未找准自我定位或者熬到深夜的人尤其适合。

这个应用是出于你们自己的需要，还是为其他人群开发的呢？

塞莱斯特：我们都有这个需求，因为我们都会有需要独自步行前往某处的经历，这令人毛骨悚然。你很想有人看护，避免被跟踪。我们在班级中和校外询问的每一个人都表示很需要这个应用。

朱丽叶：我们的格言是："将安全掌握在自己手中。"我们希望能确保用户可以控制谁在什么时间访问什么信息。希望他们永远都是自己身边所发生事情的掌控者。这不仅关于“我感觉很不安全，我要按下这个按钮等待有人来救我。”还关于“我能否成为一个因环境而采取正确举动的人”。

开发应用的过程是怎样的？你们用的是哪一种语言？

塞莱斯特：我们没有使用安卓或苹果程序所必需的 Java 和 Swift，我们也不能做移动网络应用，因为我们需要获取手机中的短信、联系人和定位，所以我们最后用了 MIT App Inventor，这是一种可视化的编程语言，它可以让安卓应用的制作变得十分容易。

朱丽叶：这和 Scratch 的开发环境相类似，不过是用于移动应用的。

小组合作的感觉如何？

朱丽叶：合作的感觉真的很棒，因为大家自始至终都在努力合作。App Inventor 不是一个非常符合直觉判断的软件，所以我们要将自己的脑力集中在完成一个特定的目标上。我们的合作越来越顺畅，弄清楚了该如何分配工作，同时又不失合作性。

你怎么想？准备好勾勒自己应用的蓝图了吗？

我们来讨论一下你们俩在自己的应用中想要达到的不同目的吧，看看有哪些重叠的部分。
SOCCER
CLUBS MTGS
我要把笔拿出来开始画线框图了。
你们都觉得设计比较繁杂，那么这个应用的设计应该一切从简，让它达到人人能上手的那种简单。
我同意。我要搜索一些苹果与安卓编程语言的教程了。我想尽可能地多找些这两个方面的信息，看一看哪个更适用。
我认为我们应该将应用和能够储存信息的母网站连接起来，这样管理员就可以很容易地更新用户通知了。
...
噢，也许我们可以给网站制作一个密码生成器，这样只有拥有这个密码的管理员才能够更新信息！

我想我们的工作到此已经结束了。这就是编程女孩组织所有的老师、协助者、导师、合作伙伴和成员所乐见的：女孩们兴致盎然，携手共进，她们一起创造、制作、编写代码来提高人们的生活水平，改变这个世界。

这也是卡亚·托马斯（Kaya Thomas）从高中学会编程之后就一直在致力实现的事情。她是编程的力量能够带来正面影响的证明。

专业人士小贴士

WE READ TOO 应用的开发者 卡亚·托马斯

卡亚·托马斯从孩提时起就热爱阅读，但是她从自己的藏书和当地书店中接触到的角色令她感到很苦恼，于是她决定制作一个应用，让孩子们可以找到有色人种写给有色人种的书和故事。以下是她就如何将应用从颇具创意的想法转化为现实所说的一些话。

当我还在上高中的时候，我几乎每天都会去图书馆找一本新书来看。我渐渐意识到，我读到的所有书中的女孩子都和我的发色、肤色不一样，这太打击人了。我的感觉是：我是隐形的吗？为什么没有人讲像我一样的女孩的故事？我为什么找不到这种书？我真的特别希望能有这种资源，灵感就从这里生根发芽了。

在成长的过程中，我一直非常热爱科技，还总是挂在社交媒体上，但我从没想到过我可以创造出自己热爱的事物，我真是从来都没想到过这一点。

然后，在上大学的时候，我偶然接触到了计算机科学，然后就爱上了这门学科，这时我知道我有能力把这个想法变为现实了。

但是对她来说事情并不那么容易。

能够成为一名计算机科学专业的学生令我非常激动。我上了一些入门课程，然后卡在了一门纯数学的课程上。我感觉自己的数学基础并不好，我开始怀疑自己是否真的能修完学业。我很幸运，教授一直在鼓励我，让我保持着留下来的动力。最后，我在班上的表现并不算是佼佼者，不过我成功通过了考试，这本身就足够激励人心了。这让我看到自己能够做到，我不能让自己灰心丧气。

有时候你会感到自我怀疑、灰心丧气，但是不要让这些感受压倒你。你要认识到这些感受就在那里，你可以告诉它们让它们走开，让你的自信心照穿迷雾。

卡亚想要教给自己学生的事情是，要意识到自己已经拥有知识、自信和决心了。对她来说，“回馈”在她从事的工作中占有重要的地位。

我想分享自己的经验和见解，我要说的是：“你可以站得比我更高，你可以比我更成功。”这就是我们的工作。如果我们想投身于科技行业，让这里有更多可以提供给女性、有色人种与各行各业人士的空间，让他们能加入我们一起引领革命，解决影响他们生活环境的问题，唯一的方式就是去接触年轻的后来者，告诉他们：“我们会在这里支持你们。你们可以创造更多，你们可以比我们做得更好。”

注释：

[1] 吞世代：吞世代是2003年美国人马丁林·斯特龙在《人小钱大吞世代》一书中提出的概念，它是指8岁至14岁具有消费能力的少年。（来自百度百科）

结　语

你做到啦！我们走到了这本书的结尾部分，但是对你来说，这只是个开始。如果我们做对了，你该已经做好了走出书本启动编程的准备。一个充满创造、发明与灵感的世界正在等待着你。

现在该做什么

如果你准备好开始编程了，首先你可以访问我们的网站：我们编程女孩的网站，我们收集了各种各样的资源来帮助您在编程冒险中迈出下一步。当然，我们可以给你所有你需要的信息，帮你找到或在你附近建立一个编程女孩俱乐部。一旦你加入这个俱乐部，你将成为你所在地区和全国其他女孩学习编程的组织中的一员。

等你再长大一些，上了高中并且开始准备进入大学学习时，我们的社团可以提供选择计算机课程和大学入学的建议，帮你选择计算机科学主修或选修课。等你准备好上大学后，我们希望能为你联系学校、毕业项目，并最终推荐公司，引领你进入科技或相关领域，助你在自己的事业上一展宏图。

确实，这些事业道路就在那儿等着你。听听我的朋友黛博拉·斯特林（Debra Sterling）怎么说吧。她是一位成功的工程师兼企业家，创立了

GoldieBlox——专门为女孩制作积木的玩具品牌——目前正忙于扩大自己的公司。尽管如此，她还是会抽出时间学习编程。

黛博拉：我学习过机械工程和产品设计，也上过几节计算机课程。但是，我最后悔的事情就是在大学学习的计算机科学知识不够多，所以我最近开始自学编程了。我认为儿童在学习读写时就应该同时学习计算机科学。想要为这个世界添砖加瓦，还想让世界变得更加宜居，拥有这些技能并且理解世界运作的方式就至关重要。

还不确定编程适不适合你？那就听专家们谈谈他们的看法吧。

守护天使项目组

朱丽叶：试试看，先上一堂课。编程能做的事实在太多了，不试一把你大概感受不到。我猜很多人犹豫是因为她们脑子里有那种要在电脑前坐上 20 个小时的印象，但其实根本不是，编程不仅是一项技能，对很多人来说，它还能激发出他们的热情。

塞莱斯特：编程可以应用于任何领域。计算机科学能提高你的兴趣，无论你的兴趣点在哪方面。

LED It Glow 项目组

特兰：我知道有人一听到“计算机科学和编程”就想抬腿走开了，不过还是试一试吧。我原以为自己不会喜欢编程，可是在学习之后，我爱极了编程，它改变了我的整个职业方向。我希望能一直以计算机科学为业。

职业装扮项目组

格洛瑞：你在做的所有事情几乎都和编程有关，而且你可以把它和几乎任何事物组合在一起，如时装、授权、媒体等。

扎哈拉：我没想到自己会成为一名编程女孩，我以为我会连简单的算法都写不完整。我猜，很多女孩不愿意学习编程是因为她们不相信自己可以做到。我的建议是，多点自信，凭着一行行点滴累积的代码，你可以改变世界。

我还想告诉你的是，编程是件重要的事，它会因为你的参与变得更有价值，你的话语、观点、创意和活力对我们来说意义非凡。女性占全世界人口的一半，我们达到了这颗星球上人类数量的一半！那为什么我们当中没有走出世界上一半的五百强 CEO 和商界精英，也没有一半的政坛领袖、发明家或是一半的引发革新者?

我们可以做到，只是我们还没有机会表现出这一点。如果掌握了这门对未来的工作和行业发展都具有重大意义的技术，我们就会实现这个愿景。你有勇气、有力量，是聪明的编程女孩。你可以改变世界。

词汇表

算法（Algorithm）

算法是计算机完成任务所遵循的一系列步骤。你可以通过编写算法来做各种各样的事情，比如从解决数学问题到作曲！

【参见算法作曲】

算法作曲（Algorithmic Composition)

算法作曲意为通过编写算法或按部就班地列出指令，在计算机上创作出音乐。想象一下完全由机器人写出的交响乐吧！

应用程序编程接口（API）

应用程序编程接口是应用程序之间相互通信的一套规则。例如，你可以不用独立完成地图的编程，而是通过百度地图的API把一幅百度地图放在你的网站或者应用上面。

应用程序（Application）

应用程序是在你的电脑、网络或者智能手机、平板这样更小的设备上运行的软件程序。社交媒体网站或者日历等网络应用程序和网站不同的是，它们不仅是将信息展示出来，它们需要人们输入内容才能运转。从文字处理、游戏到编辑照片，再到在社交媒体上联络朋友，各种应用程序应有尽有。

应用程序流程（Application Flow）

应用程序流程，或称“流程图”，是一种通过图片与箭头来展示应用程序运作和事件发生顺序的方式。绘出应用程序的流程可以帮助你构建符合逻辑的步骤，从而让你的程序好好运行起来。

二进制（Binary）

二进制代码可以将词句或计算机处理器指令翻译成一系列1和0以操纵电脑。在二进制代码中，词语“hi”用01101000 01101001表示。

二进制数（Binary Number）

二进制数就是被翻译成1和0的普通数字。在二进制当中，每个数位代表一个比特。

布尔运算（Booleans）

布尔运算在编程中指的是真假判断问题，在计算机运行程序时布尔运算可以帮它决定如何执行。布尔运算用在if语句中，如果语句为真就导向一个结果，如果语句为假则导向另一个结果。

头脑风暴（Brainstorming）

头脑风暴是一种小组合作的工作方式，是一种用以思考重大问题的创造性解决方案。在头脑风暴会议中，每个想法都是有用的！

代码（Code）

代码用于描述计算机程序的运行步骤。我们可以用自己的语言通过代码编写出计算机能够理解的指令。

协作（Collaboration）

协作指两个人或者更多人合作完成一个项目或一项任务。在线协作工具，如GitHub，能够让全国各地的编程者们同时参与编写一份代码。

编译器（Compiler）

在你写代码的时候，你可以通过英语词句给计算机下指令，编译器就像翻译器，可以将你写下的词句翻译成电脑能够理解的“机器语言”。

计算思维（Computational Thinking）

计算思维可以通过将问题分解成小块，寻找固定模式，然后再利用这些信息提出一个步骤清晰的解决方案，从而帮助我们有逻辑地解决重大问题。

计算机编码/计算机编程（Computer Coding/ Computer Programming）

你为计算机写的代码或者程序就是给它的指令。尽管电脑看起来很聪明，但是如果没有人们写的代码，它们什么也做不了！

计算机科学（Computer Science）

计算机科学是一门研究计算机及其多种用途的学科。计算机科学家编写的程序可以解决复杂的数学问题，还可以创作音乐和美术作品。

条件语句（Conditional）

条件语句是代码中的一个组成要素，仅在满足某些条件时运行。条件语句也叫“if–then”语句，因为“if（如果）”满足了某些条件，“then（则）”执行某指令。

网络安全（Cyber Security）

网络安全是指保护你的电脑、手机或其他设备上的数据免于被窃取或者免于被损坏。

D.R.Y.（Don't repeat yourself），不要自我重复

D.R.Y.，不要自我重复，意思是为了阅读和编辑能更加方便，不要把相同的代码写了一遍又一遍。如果你想重复运行某个指令，你可以写个函数或者使用循环语句。

数据（Data）

数据指你输入电脑用于完成任务或进行计算的所有信息。

调试（Debug）

代码几乎不可能第一次就能工作。调试就是寻找你的代码为什么行不通，然后修正问题的过程。调试得名于格蕾丝·穆雷·赫柏在她的电脑中找到了一只导致计算故障的蛾子（一只真正的虫子bug！）

设计/设计师（Design/ Designer）

设计就是一个计划，它可以通过书面或者绘画的形式对产品的外观与功能进行说明。例如，裙子的设计应说明它该如何制作，而iPhone应用程序的设计应显示这

个程序的工作方式。制定这些计划的人就是设计师。

设计－建立－测试周期（The Design–Build–Test Cycle）

在设计—建立—测试周期中，首先你要进行设计，然后建立能够运转的雏形，再试运行，最后用你学到的经验完善设计方案。因为这是一个循环，所以你可以反复进行这个过程，直到对自己的成果感到满意为止。

数字艺术与设计（Digital Art and Design）

从运用代码编辑照片，到设置动画电影中的光照，数字艺术与设计在艺术创造与设计的过程中加入了科技成分。

文档编制（Documentation）

文档编制是用来向用户描述网站或应用的信息的。现在绝大部分文档编制都可以从线上获得，但仍有一些老派的文档编制是纸质的用户手册或使用说明。

效率（Efficiency）

在计算机科学中，效率是对计算机程序投入与产出比的量度。效率很高的计算机软件可以迅速处理数据并且不会占用多少内存——非常像在耗能很低的条件下跑得很快的猎豹。

特性蔓延（Feature Creep）

特性蔓延指软件中额外的元素或特性，而实际上用户可能用不到它们。这些特性“蔓延”而入，让你的软件变得不必要的复杂。

函数（Function）

函数就是程序中被捆绑在一起的一系列执行步骤，就像一个数学问题。当你提供信息或在函数中“输入”信息时，它就会处理这些信息并且输出一个答案。

生成艺术（Generative Art）

生成艺术指在创作过程中至少有一部分用到了计算机的艺术。如果你想给动画人物的头发编程，你可以选择编写每一根头发的程序，也可以通过代码复制真实的头发，从而节约一些时间。创造 Pixar 电影《勇敢传奇》中梅丽达公主的动画师们，利用生成艺术给她制作了一头秀发，其极具动感的表现丝毫不输真实的卷发，并且动画师们还不用为每一根单独的发丝进行编程。

游戏类型（Genre）

游戏类型由任务内容相差无几的一组游戏构成。例如，教育游戏会被归为同一种类型，而冒险游戏则被归为另一类。

硬件（Hardware）

硬件指构成电脑或者设备的物理组成部分，比如键盘、摄像头和内存卡。

你好，世界！（Hello，world!）

“Hello，world！”是命令电脑说“你好，世界!”的一个简单程序。在人们学习一门新的编程语言时，这是入门的几个程序之一。

输入（Input）

你提供给电脑信息或者指令就是“输入”。你在键盘上打字或者用指纹解锁手机时，就是在向计算机输入信息，告诉它自己想要它做什么。

集成开发环境（Integrated Development Environment，IDE）

集成开发环境是程序员用来制作电脑程序的软件。集成开发环境可以将不同的工具整合进同一个软件中，如编译器和调试器，从而帮助开发者更容易地编写软件。

函数库（Library）

函数库是可以在代码中利用的资源集合。同一个函数库可以用于许多不同的程序，以帮助你避免重复编写相同的内容。

逻辑（Logic）

逻辑是一种计算机能够理解的条理化思维方式。

逻辑错误（Logic Error）

逻辑错误是程序代码中令程序无法正常运行的失误。例如，一个 if 语句在应该为真时可能得出值为假的结果。

循环（Loop）

循环是编写需要重复运行多次的一段代码的方式。如果我想画一个正方形，我可以写这样一个循环语句“直走，然后右转”，再让它重复四次，这样就不用写八行代码了。

输出（Output）

输出指计算机根据输入内容与程序代码进行的操作。所以，当你手指按在一个应用图标上（输入）时，应用就打开（输出）了！

参数（Parameter）

参数是函数中使用的变量。例如，在函数“def f（x）:...，”中，“x”就是参数。参数和实参有时表示的意思相同。

进程（Process）

进程就是在你的电脑或设备上运行的程序。一个应用程序可以同时运行几项不同的进程！

编程语言（Programming Language）

编程语言是用于编写计算机程序的一系列规则与指令。编程语言有许多种，可以用于不同的领域。

伪代码（Pseudocode）

写代码的帮助环节。

机器人学（Robotics）

机器人学是计算机科学的一个分支，研究如何制造使用代码完成任务的机器。从给医生打下手到探索洋底，每天都有机器人被制造出来实现不可思议的用途。

软件（Software）

软件包括任何能够以电子形式储存的东西，比如程序和指令。所有的软件都可以归入系统软件和应用软件这两类中的一类。系统软件是让你的计算机运转起来的操作系统，而应用软件是用于工作的程序，如照片编辑器、文字处理器等。

故事板（Storyboard）

故事板就像漫画一样，你可以在上面画出你的程序或者游戏的走向。有些故事板可能看起来光鲜亮丽，但并不是必需的。即使是简单的简笔画也能帮你弄清楚程序或者游戏该如何运行！

字符串（String）

字符串是一种数据类型，由字母、空格与数字这样的字符组成。通常，双引号内的部分可以被称为字符串——就连数字都可以算作字符串！举几个字符串的例子，比如“girlswhocode”“girls who code”和“12345”。

语法（Syntax）

语法指的是代码中数字、字母和符号排列的顺序——和编写英语句子非常类似！为保证软件顺利运行，正确的语法是非常重要的。“你好见到！你，开心真是”和“你好，见到你真是开心！”之间就是语法的区别。

语法错误（Syntax Error）

当你写的代码语法不完全正确时，就可以被称为语法错误——某些部分被放在了错误的位置。有时候，放错一个小分号都可以产生很大的影响！

文本编辑器（Text Editor）

文本编辑器是一种可用于编写文本（包括计算机代码）的应用程序。许多文本编辑器都是为编码而设计的，它包含快捷方式和自动错误检测等功能。

用户体验（User Experience）

用户体验就是人们使用某种产品时的感受，如使用手机应用时的感受或使用微波炉时的感受。设计精良的用户体验令产品简单易用趣味多多，用户不需要学习即可上手。因为有良好的用户体验，学步稚儿也能使用平板电脑！

变量（Variable）

变量就像是收纳箱，在程序中用来储存并且记忆信息。变量可以储存数字、一串字母或者某事物是否为真的判断！

电子游戏开发（Video Game Development）

电子游戏开发是一款电子游戏从灵感到实际被创造出来的全过程！编程女孩组织的学生们已经开发出了令人惊叹的游戏，它们都是有关重大议题的，比如濒危动物和社会问题。

可视化（Visualization）

可视化指通过电脑制作图像、表格或动画，帮你用数据讲故事。如果你曾经见过交互式地图或者信息图，那么你就见过可视化！

网站（Website）

网站是网络上用于展示信息的一个地方，但是并不要求人们进行互动。网站和学校会议非常相似，放个大喇叭对你讲话，但你并不用就此做出回应。只要有一点点关于 HTML 和 CSS 的知识，你就可以做出超赞的网站来啦！

线框图（Wireframe）

线框图是运用简单的框格和线条来规划网站或应用的构架及功能的一种方法。每个线框图都像一个谜题，告诉你什么东西将被放到哪里，以及不同的部分如何组合在一起。

致　谢

在过去的五年中，我看到来自每一州每一市的成千上万的女孩子们学习如何编程，并在我们最迫在眉睫的问题上取得了成果：枪支滥用、气候变化、癌症、贫穷。这本书是为她们而作的，也是为数不清的受到她们激励的人而作的，比如我，同时也是为了能振臂高呼，号召全国、全世界的女孩们来学习编程，让她们也成为引领变革的弄潮儿。

我要衷心感谢萨拉·赫特（Sarah Hutt），她将复杂的编程世界翻译成了我们大家都能理解的语言。她全身心地投入在编程女孩的团队工作中，我们愿继续与她合作。

感谢杰夫·斯特恩（Jeff Stern）为本书做出的杰出贡献。我在大约三年前为了这个项目向他寻求合作，他立刻就答应了。杰夫是个优秀的教育工作者，也是个富有创造力的人，我知道他能将基础的计算机科学法则变得趣味盎然。

感谢整个编程女孩团队，尤其是那些为这个项目做出了贡献的人：我们教育团队勇敢无畏的领导者、终极编程女孩艾米丽·莱德（Emily Reid），以及克莱尔·库克（Claire Cook）、汉娜·盖莉（Hanna Gully）、艾瑞克·甘瑟（Eric Gunther）、萨拉·贾德（Sarah Judd）、雅思敏·巴特利－马修（Jessamine Bartley-Matthews）、艾伦·麦卡洛（Ellen McCullagh）、胡达·库雷什（Huda Qureshi）、蕾雅·吉列姆（Leah Gilliam）、黛布拉·辛格（Deborah Singer）、克里斯西·吉卡雷利（Chrissy Ziccarelli）和夏洛特·斯通（Charlotte Stone）。

衷心感谢我不可思议的代理人理查德·派恩（Richard Pine），他拥有超乎我想象的高瞻远瞩。十分荣幸能与他在 Inkwell 的公司的成员合作，包括伊莉莎·罗斯特恩（Eliza Rothstein ）和娜莎尼尔·杰克斯（Nathaniel Jacks）。

感谢我们的插画家，安德·鹤见（Andrea Tsurumi），他的画作富于想象力，让书中的人物栩栩如生，让故事跃然纸上。

感谢摇滚明星范儿的编辑坎德拉·莱文（Kendra Levin），感谢你的专业性与领导力，是你让这本书得以付梓。同时，我也要感谢我们的艺术总监凯特·莱尼尔

（Kate Renner）和文字编辑贝瑟尼·布莱恩（Bethany Bryan）。

我想感谢 Viking 出版社的整个团队，尤其是肯·莱特（Ken Wright）。和企鹅青年读者集团（Penguin Young Readers Group）的市场部与销售部，他们合作将这本书带给全世界的女孩们，这真是太激动人心了。

感谢那些将鼓舞人心的人生故事分享给本书读者的各位女士：多纳·贝利（Dona Bailey）、阿亚娜·霍华德（Ayanna Howard）、切尔西·豪（ Chelsea Howe）、丹妮尔·费恩伯格（Danielle Feinberg）、黛博拉·斯特林（Debra Sterling）和卡亚·托马斯（Kaya Thomas）。

感谢塞莱斯特·B（Celeste B）、艾米丽·D （Emily D）、伊达丽斯·D （Idaliz D）、安妮· H（Annie H）、肯妮莎· J（Kenisha J）、格洛瑞· K（Glory K）、雅思敏· L（Yasmin L）、扎哈拉· L（Zahraa L）、玛利亚·M（Maria M）、南妮·N（Nany N）、朱丽叶·P（Julie P）、安珀·S（Amber S）、亚南沙列·S（Yananshalie S）、赛琳娜·V（Serena V）和菲斯·W（Faith W）允许我们引述她们的项目。

同时，万分感谢许许多多编程女孩组织的学生们与前景无限的年轻程序员们，多亏他们丰富多彩的故事和反馈，才有了现在你手上拿着的这本书。

想了解更多有关编程女孩的内容，敬请期待。

本书是系列故事的第一部。阅读《编程女孩》可以了解女孩们——露西、玛雅等人——是如何建立友谊的，这个奇妙故事里包含了友谊、秘密，当然，必不可少的是编程！

准备好开始编程了吗？尝试一下我们编程女孩的交互式编程活动吧，加入离你最近的俱乐部吧！

版权贸易合同登记号 图字：01-2022-3834

图书在版编目（CIP）数据

编程女孩 /（美）拉什玛·萨贾尼（Reshma Saujani）著；刘钰卓译.—北京：电子工业出版社，2022.8
书名原文: Girls Who Code：Learn to Code and Change the World
ISBN 978-7-121-43834-9

Ⅰ.①编… Ⅱ.①拉… ②刘… Ⅲ.①程序设计 Ⅳ.①TP311

中国版本图书馆CIP数据核字（2022）第114047号

责任编辑：胡　南　杨雅琳
印　　刷：三河市君旺印务有限公司
装　　订：三河市君旺印务有限公司
出版发行：电子工业出版社
　　　　　北京市海淀区万寿路173信箱　邮编：100036
开　　本：720×1000　1/16　印张：10.75　字数：160千字
版　　次：2022年8月第1版
印　　次：2022年8月第1次印刷
定　　价：68.00元

凡所购买电子工业出版社图书有缺损问题，请向购买书店调换。若书店售缺，请与本社发行部联系，联系及邮购电话：（010）88254888，88258888。
质量投诉请发邮件至zlts@phei.com.cn，盗版侵权举报请发邮件至dbqq@phei.com.cn。
本书咨询联系方式：（010）88254210。influence@phei.com.cn，微信号：yingxianglibook。